全国专业技术人才知识更新工程培训教材

专业技术人员网络安全知识读本

雷敏　郝杰　主编

中国人事出版社

图书在版编目（CIP）数据

专业技术人员网络安全知识读本 / 雷敏，郝杰主编 . -- 北京：中国人事出版社，2018

全国专业技术人才知识更新工程培训教材

ISBN 978-7-5129-1264-9

Ⅰ.①专…　Ⅱ.①雷…　②郝…　Ⅲ.①计算机网络 – 网络安全 – 技术培训 – 教材　Ⅳ.① TP393.08

中国版本图书馆 CIP 数据核字（2018）第 073609 号

中国人事出版社出版发行

（北京市惠新东街 1 号　邮政编码：100029）

*

保定市中画美凯印刷有限公司印刷装订　　新华书店经销

787 毫米 ×960 毫米　16 开本　9.5 印张　123 千字

2018 年 5 月第 1 版　　2018 年 5 月第 1 次印刷

定价：28.00 元

读者服务部电话：（010）64929211/84209103/84626437

营销部电话：（010）84414641

出版社网址：http://www.class.com.cn

目　录

第一章
网络空间安全概述

随着信息化的发展，以互联网为基础的计算、通信和信息共享已经成为社会重要的公共设施，其安全挑战日益严峻，逐渐成为各方利益冲突和争夺的主战场。进入21世纪以来，随着云计算、物联网、大数据等新技术的应用，网络安全又面临着新的挑战，网络空间作为继陆、海、空、天之后的"第五维空间"，已经成为各国角逐权力的新战场。

1.1　网络空间安全发展历史

从信息论角度来看，系统是载体，信息是内涵。网络空间是所有信息系统的集合，是人类生存的信息环境，人在其中与信息相互作用并相互影响。因此，网络空间存在更加突出的信息安全问题，其核心内涵仍是信息安全。

信息安全是一个广泛而抽象的概念，从不同领域和不同角度对其阐述会有所不同。在全国信息安全标准化技术委员会发布的《信息安全技术术语》（GB/T 25069—2010）中，信息安全是指保持、维持信息的保密性、完整性和可用性，也可包括真实性、可核查性、抗抵赖性和可靠性等性质。信息安全的目标是保证信息上述安全属性得到保持，从而对组织业务运行能力提供支撑。在商业和经济领域，信息安全主要强调的是消减并控制风险，保持业务操作的连续性，并将风险造成的损失和影响降到最低。

对于建立在网络基础之上的现代信息系统，信息安全是指保护信息系统的硬件、软件及相关数据，使信息不因偶然或者恶意侵犯而遭受破坏、更改及泄露，保证信息系统能够连续、可靠、正常地运行。

随着全球社会信息化的深入发展和持续推进，相比物理的现实社会，网络空间中的数字社会在各个领域所占的比例越来越大。数量的增长带来了质量的变化，以数字化、网络化、智能化、互联化、泛在化为特征的网络社会，为信息安全带来了新技术、新环境和新形态，信息安全开始更多地体现在网络安全领域，反映在跨越时空的网络系统和网络空间之中，反映在全球化的互联互通之中。

因此，网络空间安全可以看作是信息安全的高级发展阶段，其发展历程如图 1—1 所示。

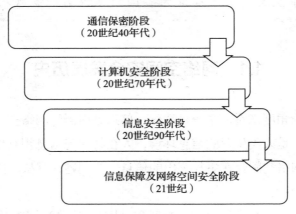

图 1—1　网络空间安全发展历程

1.1.1　通信保密阶段

通信保密阶段开始于 20 世纪 40 年代，其标志是 1949 年克劳德·艾尔伍德·香农（Claude Elwood Shannon）发表的《保密系统的通信理论》，该理论首次将密码学的研究纳入了科学的轨道。在这个阶段所面临的主要安全威胁是搭线窃听和密码分析，其主要保护措施是数据加密。该阶段人们关心的只是通信安全，而且关心的对象主要是军方和政府机构。需要解决的问题是在远程通信中拒绝非授权用户的访问以及确保通信的真实性，主要方式包括加密、传输保密、发射保密以及通信设备的物理安全。当时涉及的安全属性有机密性，即保证信息不会泄露给未经授权的人或者主体；可靠性，即保证信道、消息源、发信人的真实性以及核对信息接收者的合法性。在这一阶段，虽然计算机系统的脆弱性已被一些机构所认识，但由于当时计算机速度和性能比较落后，使用范围有限，因此通信保密阶段重点是通过密码技术解决通信保密问题，保证数据的机密性和可靠性。

1.1.2　计算机安全阶段

计算机安全阶段开始于 20 世纪 70 年代。这一阶段的标志是 1977 年美国国家标准局公布的《数据加密标准》和 1985 年美国国防部公布的《可信计算机系统评估准则》。这些标准的提出意味着信息安全问题的研究和应用跃上了一个新的高度。

此阶段主要在密码算法及其应用和信息系统安全模型及评价两个方面取得了很大的进展。1977 年美国国家标准局采纳了新开发的分组加密算法；1977 年罗纳德·李维斯特（Ron Rivest）、阿迪·萨莫尔（Adi Shamir）和伦纳德·阿德曼（Leonard Adleman）根据威特菲尔德·迪菲（Whitfield Diffie）和马丁·赫尔曼（Martin Hellman）在《密码学的新方向》开创性论文中提出的思想，创造了 RSA 公开密钥密码算法；1985 年尼尔·科布利茨（Neal Koblitz）和维克多·米勒（Victor Miller）提出了椭圆曲线离散对数密码体制，该体制的优点是可以利用更小规模的软件、硬件实现有限域上同类体制的相同的安全性。此外，在该阶段还创造了一批用于数据完整性和数字签名的杂凑算法，如数字指纹、消息摘要、安全杂凑算法等。

1985 年美国国防部推出了《可信计算机系统评估准则》，该标准是信息安全领域中的重要创举，为后来英国、法国、德国、荷兰四国联合提出的包含保密性、完整性和可用性概念的《信息技术安全评价准则》及《信息技术安全评价通用准则》的制定打下了基础。

1.1.3　信息安全阶段

20 世纪 90 年代以来，通信和计算机技术相互依存，数字化技术促进了计算机网络发展成为全天候、通全球、个人化、智能化的信息高速公路，互联网（Internet）成为一项家用技术平台，安全的需求不断地向社会各个领域扩展，人们关注的对象已经逐步从计算机转向更具本质性的信息本身，信息安全的概念随之产生。

由于网络的发展，特别是电子商务的发展，人们除了要求在信息的存储、处理和传输过程中不被非法访问或者更改，确保对合法用户的服务并限制非授权用户的服务外，还要求必要的检测、记录和抵御攻击的措施。于是，除了信息的机密性、完整性和可用性之外，人们对信息的安全性有了新的要求，即可控性、不可否认性以及可审计性。在这一时期，公钥技术得到了长足的发展，著名的 RSA 公开密钥密码算法获得了日益广泛的应用，用于完整性校验的哈希（Hash）函数的研究应用也越来越多。

1.1.4　信息保障及网络空间安全阶段

由于针对信息系统的攻击日趋频繁以及电子商务的快速发展，安全的概念发生了以下的变化。

第一，信息的安全不再局限于信息的保护。人们需要对整个信息和信息系统进行保护和防御，包括保护、检测、反应和恢复能力。

第二，信息的安全与应用更加紧密。其相对性、动态性、系统性等特征引起人们的注意，追求适度风险的信息安全成为共识。安全不再单纯以功能或者机制技术的强度作为评价指标，而是结合了不同主体的应用环境和应用目标的需求，进行合理的计划、组织和实施。

在该阶段，美国国防部提出了信息保障的概念："保护和防御信息及信息系统，确保其可用性、完整性、保密性、可审计性和不可否认等特性。这些特性包括在信息系统的保护、检测、反应功能中，并提供信息系统的恢复能力。"

信息保障除了强调信息安全的保障能力外，还提出了要重视系统的入侵检测能力、系统的事件反应能力以及系统在遭到入侵破坏后的快速恢复能力。它关注信息系统整个生命周期的防御和恢复。

从信息安全各阶段的发展可以看出，随着信息技术本身的发展和信息技术应用的发展，信息安全的外延不断扩大，包含的内容从初期的数据加密到后来的数据恢复、信息纵深防御直到如今网络空间安全概念的提出。只有把握了信息安全及网络空间安全发展的趋势，才能更好地建立满足现在和未来需求的网络空间安全体系。

1.2　网络空间安全形势

2013 年，"棱镜门"事件在全球持续发酵，隐藏在互联网背后的国家力量和无所不在的"监控"之手，引起了舆论哗然和网络空间的一系列连锁反应。全球范围内陡然上升的网络攻击威胁，导致各国对网络安全的重视程度急剧提高，越来越多的国家将网络安全列为国家核心安全利益，网络安全进一步成为大国竞争的战略基点，其较量和博弈逐步深化升级。

当前，我国网络空间环境日趋复杂，随着迅速发展的信息技术与服务不断超越现有的互联网监管体制，各种危及国家安全和社会稳定的网络违法和犯罪活动越来越猖獗，比如病毒入侵、网络诈骗和网络泄密等。同时在利益的驱动下，网络犯罪变得更加有组织、有目标，隐蔽性和复杂性更强，危害性更大，其影响力和破坏程度也与日俱增。网络安全问题给互联网的健康发展带来极大的挑战，这些问题主要体现在以下三个方面。

第一，针对网络信息的破坏活动日益严重，网络犯罪案件个数逐年上升。鉴于互联网具有传播速度快、覆盖面广、隐蔽性强和无国界等特点，传统领域的违法犯罪活动逐渐向互联网渗透，越来越多的高新技术被违法犯罪分子利用，网络犯罪案件个数逐年大幅上升，犯罪类型不断扩展，作案手段不断翻新，危害后果日趋严重。同时对网络犯罪的安全防范难度越来越大，安全保障的要求越来越高。

第二，安全漏洞和安全隐患增多，对信息安全构成严重威胁。网络安全事件的发生，绝大多数都与信息技术自身的缺陷有关，安全漏洞和安全隐患的存在已经成为我国网络与信息安全的长期威胁。首先，安全漏洞广泛且客观存在，易为人所用。信息技术的漏洞无处不在，涉及软硬件等各个方面，是病毒、黑客攻击等安全问题的重要根源，是网络环境下失窃密的重大隐患。其次，安全漏洞数量多，消除难度大。近年来安全漏洞随信息技术和产品的广泛应用出现呈倍增趋势，而且从公开至被利用的时间间隔越来越短，安全漏洞消除工作变得十分复杂且难度很大。最后，新业务、新应用安全风险高。随着云计算、物联网等互联网新业务、新应用的流行，新的问题和安全隐患凸显，这将是未来我国网络治理面临的难题之一。

第三，黑客攻击、恶意代码对重要信息系统安全造成严重影响。重要信息系统一旦遭受攻击者攻击或恶意代码侵害，后果将十分严重，轻则导致系统瘫痪，影响社会和经济活动，重则造成大范围动荡。近年来发生的网络与信息安全事件表明，黑客攻击、恶意代码对我国重要信息系统的危害已成现实威胁。黑客攻击正在从以往单纯的、零散的技术活动，向有组织、趋利性、规模化和跨国流动性的方向发展，尤其是以获取经济利益为目的的信息技术犯罪增长迅速。

1.3　中华人民共和国网络安全法

为遏制日益猖獗的网络犯罪活动，完善互联网监管体制刻不容缓。《中华人民共和国网络安全法》（以下简称《网络安全法》）由全国人民代表大会常务委员会于 2016 年 11 月 7 日发布，自 2017 年 6 月 1 日起施行。其立法说明中清晰而明确地阐述了如何在现有条件下，尽力尝试将已有的网络安全实践上升为法律制度，并使其符合中国的网络空间安全需求。其中，有以下一些特色比较鲜明的描述。

其一，明确了我国维护网络空间安全以及参与网络空间国际治理所坚持的指导原则是网络主权原则，并在第二章提出了有关国家网络安全战略和重要领域安全规划等问题的法律要求。这体现出中国在国家网络安全领域的明晰战略意图，不仅能够提升中国保障自身网络安全的能力，还有利于中国与其他国家或行为主体就网络安全问题展开有效的战略博弈。

其二，明确了保障关键信息基础设施安全的战略地位和价值。保障关键信息基础设施安全，在公布的《网络安全法》中占据了相当大的篇幅，第三章第二节专门用于规范关键信息基础设施的安全。此次列入关键信息基础设施范围的涉及国家安全、经济安全和保障民生等领域，具体范围包括基础信息网络、重要行业和领域的重要信息系统、军事网络、重要政务网络、用户数量众多的商业网络等。保障关键信息基础设施的安全，从全球各国的实践来看，是国家网络安全战略中最为重要和主要的内容，这与人们日常生活对网络关键基础设施的强烈依赖密不可分。有效地识别和分析威胁的来源，并采取相应的安全保障措施，是成功保障关键信息基础设施的关键。

其三，在国家网络安全监测预警与应急处置方面，《网络安全法》进行了有益的尝试。其中，第五十一条规定：国家建立网络安全监测预警和信息通报制度。国家网信部门应当统筹协调有关部门加强网络安全信息收集、分析和通报工作，按照规定统一发布网络安全监测预警信息。第五十二条规定：负责关键信息基础设施安全保护工作的部门，应当建立健全本行业、本领域的网络安全监测预警和信息通报制度，并按照规定报送网络安全监测预警信息。第五十三条规定：国家网信部门协调有关部门建立健全网络安全风险评估和应急工作机制，制定网络安全事件应急预案，并定期组织演练。第五十五条规定：发生网络安全事件，应当立即启动网络安全事件应急预案，对网络安全事件进行调查和评估，要求网络运营者采取技术措施和其他必要措施，消除安全隐患，防止危害扩大，并及时向社会发布与公众有关的警示信息。第五十六条规定：省级以上人民政府有关部门在履行网络安全监督管理职责中，发现网络存在较大安全风险或者发生安全事件的，可以按照规定的权限和程序对该网络的运营者的法定代表人或者主要负责人进行约谈。网络运营者应当按照要求采取措施，进行整改，消除隐患。

1.4 国家网络空间安全战略

为进一步深化推进我国网络空间安全保障工作，2016 年 12 月 27 日，经中央网络安全和信息化领导小组批准，国家互联网信息办公室发布我国首部《国家网络空间安全战略》(以下简称《网络空间战略》)。《网络空间战略》作为我国网络空间安全的纲领性文件，重点分析了目前我国网络安全面临的"七种机遇和六大挑战"，提出了国家总体安全观指导下的"五大目标"，建立了共同维护网络空间和平安全的"四项原则"，制定了推动网络空间和平利用与共同治理的"九大任务"。

1.4.1 五大目标

国家的总体安全观是指国家政权、主权、统一和领土完整、人民福祉、经济社会可持续发展和国家其他重大利益相对处于没有危险和不受内外威胁的状态，以及保障持续安全状态的能力。《网络空间战略》提出了在总体国家安全观指导下，通过统筹国内、国际两个大局和统筹发展、安全两件大事的基础上，推进网络空间"和平、安全、开放、合作、有序"的发展战略目标。

"和平与安全"是构建"开放、合作、有序"网络空间的前提，维持国际和平与安全是《联合国宪章》的宗旨，只有在"和平与安全"得到充分保证的前提下，才能构建"开放、合作、有序"的网络空间。在互联网时代，一个和平、安全、开放、合作、有序的网络空间，对一国乃至世界和平与发展具有越来越重大的战略意义。我国《网络空间战略》倡导建设"和平、安全、开放、合作、有序"的五大网络空间战略，符合《联合国宪章》的宗旨，为各国制定符合自身国情的互联网公共政策提供了"中国智慧"。"五大战略目标"是国际社会对未来网络空间治理的集中反映，具有广泛的代表性，必将成为规范和治理国际网络空间的五大支柱。

1.4.2　四项原则

《网络空间战略》整体构建了维护网络空间和平与安全的"四项原则"，即"尊重维护网络空间主权、和平利用网络空间、依法治理网络空间、统筹网络安全与发展"。"四项原则"以维护网络空间和平与安全为宗旨，不但反映了互联网时代世界各国共同构建网络空间命运共同体的价值取向，而且也反映了互联网时代"安全与发展"为"一体双翼"的主潮流。

《网络空间战略》的"四项原则"集中体现了习近平在第二届世界互联网大会上提出的推进全球互联网治理体系的四项原则——尊重网络主权，维护和平安全，促进开放合作，构建良好秩序。

第一，国家主权是一个国家独立自主地处理对内、对外事务的最高权力，是国家的固有属性。"网络空间主权"是国家主权在网络空间的继承和延伸，必须得到各国的尊重和维护。

第二，网络空间是人类共同的精神家园，"和平利用网络空间"应当在遵循《联合国宪章》倡导的主权平等原则基础上，确保网络空间在和平的环境中加以利用。

第三，"依法治理网络空间"必须靠法治的力量，个人、组织、国家必须遵守各国法律和公序良俗。

第四，"统筹网络安全与发展"一定要处理好"前提"与"保障"的辩证关系，"安全是发展的前提，发展是安全的保障"。

1.4.3　九大任务

为了保障网络空间"五大战略目标"的实现，《网络空间战略》提出了基于和平利用与共同治理网络空间的"九大任务"：坚定捍卫网络空间主权、坚决维护国家安全、保护关键信息基础设施、加强网络文化建设、打击网络恐怖和违法犯罪、完善网络治理体系、夯实网络安全基础、提升网络空间防护能力、强化网络空间国际合作。

"九大任务"不是数个有关和平利用与治理网络空间规范的机械组合，而是各个相关网络空间安全治理规则的有机结合。第一，"坚定捍卫网络空间主权"和"坚决维护国家安全"是主权国家必须坚守的底线；第二，"保护关键信息基础设施"和"夯实网络安全基础"是主权国家社会稳定与国家安全的保障；第三，"加强网络文化建设"有利于扩大正能量在网络空间的辐射力和感染力；第四，"打击网络恐怖和违法犯罪"和"完善网络治理体系"是切实维护广大人民群众网络合法权益、确保国家网络利益不受侵犯的根本保证；第五，"提升网络空间防护能力"是中国应对复杂网络空间挑战的基本需要；第六，"强化网络空间国际合作"是构建网络空间命运共同体的必由之路。

第二章
网络安全

2.1 网络安全威胁

网络安全威胁主要来自攻击者对网络及信息系统的攻击。攻击者可以通过网络嗅探、网络钓鱼、拒绝服务、远程控制、社会工程学等网络攻击手段，获得目标计算机的控制权，或获取有价值的数据和信息等。

2.1.1 网络嗅探

网络嗅探是通过截获、分析网络中传输的数据而获取有用信息的行为。嗅探器（Sniffer）是一种监视网络数据运行的软件设备，它利用计算机网络接口截获其他计算机的数据报文。嗅探器工作在网络环境中的底层，它会监听正在网络上传送的数据，通过相应软件可实时分析数据的内容。网络嗅探的攻击方式如图 2—1 所示。

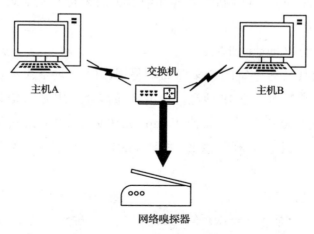

图 2—1 网络嗅探的攻击方式

通过嗅探技术，攻击者可以攫取网络中传输的大量敏感信息，如网站浏览痕迹、各种网络账号和口令、即时通信软件的聊天记录等。

2.1.2　网络钓鱼

网络钓鱼是指攻击者利用伪造的网站或欺骗性的电子邮件进行的网络诈骗活动。攻击者通过技术手段将自己伪装成网络银行、网上卖家和信用卡公司等，骗取用户的机密信息，盗取用户资金；网络钓鱼的攻击目标包括用户的网上银行和信用卡号、各种支付系统的账号及口令、身份证号码等信息。

网络钓鱼攻击会用到多种方法和手段，包括技术手段和非技术手段。

（1）伪造相似域名的网站

用户鉴别网站的常用方法是检查地址栏中显示的统一资源定位符，也就是网站对应的 URL 是否正确。为达到欺骗目的，攻击者会注册一个网址，使其看起来与真实网站的网址非常相似，从而迷惑用户。比如，攻击者使用 www.1cbc.com.cn 来假冒中国工商银行官方网站 www.icbc.com.cn，而且 www.1cbc.com.cn 网站的内容和中国工商银行官网 www.icbc.com.cn 网站的内容几乎完全相同。

（2）显示 IP 地址而非域名

域名因其具有一定的含义而简单易记，但 IP 地址没有任何规律而且很长，用户很难记住 IP 地址。攻击者通常会采用显示 IP 地址而不是域名的方法来欺骗用户，如使用 http: //210.93.131.250 来代替真实网站的域名，用户往往很难注意 IP 地址与 DNS 之间的对应关系从而上当受骗。

（3）超链接欺骗

超链接在本质上属于网页的一部分，它是一种允许网页或站点之间进行连接的元素。各个网页连接在一起，才能构成一个网站。超链接是指从一个网页指向一个目标的连接关系，这个目标可以是另一个网页，也可以是相同网页上的不同位置，还可以是图片、电子邮件地址、文件或应用程序等。一个超链接的标题可以完全独立于它实际指向的 URL，攻击者利用这种显示和运行间的差异，在链接的标题中显示一个 URL，而链接实际指向一个完全不同的 URL。用户看到显示的 URL 链接时，往往不会去检查其链接的实际 URL，从而上当受骗。

（4）弹出窗口欺骗

攻击者可以在网页中嵌入一个弹出窗口来收集用户的信息。用户在浏览器中显示真实网页的网址，但在该页面上弹出一个简单窗口，要求用户输入个人信息，从而导致信息泄露。

2.1.3　拒绝服务

拒绝服务（Denial of Service，Dos）是指攻击者通过各种非法手段占据大量的服务器资源，致使服务器系统没有剩余资源提供给其他合法用户使用，进而造成合法用户无法访问服务的一种攻击方式。这是一类危害极大的攻击，严重时会导致服务器瘫痪。

分布式拒绝服务（Distributed Denial of Service，DDoS）是一种由 Dos 演变而来的攻击手段。攻击者可以在被控制的多个（有时多至上万台）机器上安装 Dos 攻击程序，通过统一的攻击控制中心在合适时机发送攻击指令，使所有受控机器同时向特定目标发送尽可能多的网络请求，形成 DDoS 攻击，导致被攻击服务器无法正常提供服务甚至瘫痪。

同步泛洪（Synchronize flooding，SYN flooding）是当前常见的拒绝服务攻击方式之一，它利用 TCP 协议缺陷，发送大量伪造的 TCP 连接请求，耗尽被攻击方（应答方）资源，消耗中央处理器（Central Processing Unit，CPU）或内存资源，从而导致被攻击方（应答方）无法提供正常服务。正常的 TCP 连接过程如图 2—2 所示。SYN flooding 攻击过程如图 2—3 所示。

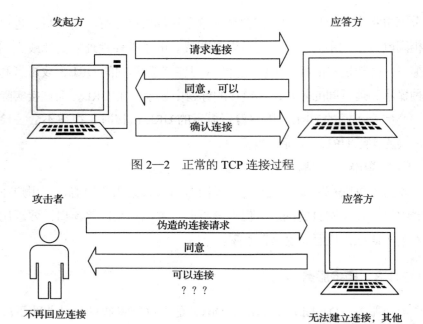

图 2—2　正常的 TCP 连接过程

图 2—3　SYN flooding 攻击过程

2.1.4　远程控制

　　攻击者通过各种非法手段成功入侵目标主机后，更希望对目标主机进行远程控制，从而进一步控制目标主机，以便轻松获取目标主机中有价值的数据。攻击者主要利用木马来实现对目标主机的远程控制，此外，还可以通过 WebShell 对 Web 服务器进行远程控制。

　　Shell 可以接收用户命令，然后调用相应的应用程序。WebShell 可以理解为一种用 Web 脚本编写的木马后门程序，它可以接收来自攻击者的命令，在被控制主机上执行特定的功能。WebShell 以 ASP、PHP 等网页文件的形式存在，攻击者首先利用网站的漏洞将这些网页文件非法上传到网站服务器的网站目录中，然后通过浏览器访问这些网页文件，获得对网站服务器的远程操作权限，以达到控制网站服务器的目的。

2.1.5　社会工程学

社会工程学（Social Engineering，SE）不是一门科学，而是一门综合运用信息收集、语言技巧、心理陷阱等多种手段，达到欺骗目的的方法。社会工程学攻击主要是利用人们信息安全意识淡薄以及人性的弱点，让人上当受骗。攻击者通过各种手段和方法收集用户信息，进而使用这些用户信息完成各种非法活动，比如身份盗用，获取有价值的情报和机密等。

信息收集是指攻击者通过网络搜索引擎、在线查询系统等网络应用，深入挖掘用户在互联网上隐匿的个人信息。攻击者可以通过用户微博发布的信息和各种网络资源，来获取用户的个人详细资料，比如手机号码、照片、爱好习惯、信用卡资料、网络论坛账户资料、社交网络资料，甚至个人身份证的扫描件等。攻击者利用这些用户信息可以完成各种非法活动。攻击者可以通过网络账号、电子邮箱、手机号码等信息冒充他人身份而实施非法活动。通常，网络账号、电子邮箱、手机号码等信息具有很高的身份认可度，一旦攻击者冒充用户发布非法、恶意、诈骗类消息，用户的朋友往往会相信消息的真实性。

2.2　网络安全威胁的应对措施

2.2.1　防火墙

防火墙（Firewall）是指设在本地网络与外界网络之间的一系列包括软硬件在内的访问控制防御系统。防火墙实质上是一种隔离控制技术，网络内部和外部之间的所有数据流必须经过防火墙，只有符合安全标准的数据流才能通过防火墙，从而提高了机构内部网络的安全性。防火墙结构如图2—4所示。

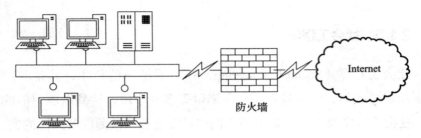

图2—4　防火墙结构

　　防火墙的主要功能包括包过滤、审计和报警、网络地址转换、代理、流量控制与统计分析等。

　　（1）防火墙发展趋势

　　目前，日益提高的安全需求对防火墙提出了越来越高的要求，防火墙产品的发展也越来越引人关注。

　　①模式转变。传统的防火墙通常都设置在网络的边界位置，但这种方式不能防护来自内网的攻击，所以越来越多的防火墙产品使用一种分布式结构，以分布式为体系，以网络节点为保护对象，可以极大提高安全防护强度。

　　②功能扩展。目前的防火墙产品已经呈现出一种集成多种功能的设计趋势，包括 VPN、IPSec，甚至连防病毒、入侵检测这样的功能，都被集成到防火墙产品中。

　　③性能提高。未来的防火墙产品由于在功能性上的扩展，会对处理性能提出更高的要求，诸如并行处理技术等性能提升手段将被越来越多地应用到防火墙产品中。

　　（2）防火墙体系结构

　　防火墙体系结构包括：屏蔽路由器，即带有 IP 层包过滤软件的路由器，用以进行简单的数据包过滤；双宿主机网关，也称堡垒主机，装有两块网卡，一块连接内网，另一块连接外网，数据包不能从外网直接发到内网，而要经过堡垒主机的过滤和控制；被屏蔽主机网关，由一台屏蔽路由器和一台堡垒主机组成；被屏蔽子网，由两台屏蔽路由器将内网和外网隔离开，在内网和外网之间形成的隔离区。

（3）防火墙主要技术

防火墙的主要技术包括包过滤技术、状态包过滤技术、NAT网络地址转换技术和代理技术。

2.2.2　入侵检测

入侵检测技术是为保证计算机系统安全而设计和配置的一种能够及时发现并报告系统中未授权或异常现象的技术。

入侵检测系统（Intrusion Detection System，IDS）是入侵检测过程的软件和硬件的组合，能检测、识别和隔离入侵行为，不仅能监视网上的访问活动，还能对正在发生的入侵行为进行报警。

（1）异常入侵检测

异常入侵检测是一种根据系统或用户的非正常行为、非正常使用，检测出入侵行为的技术。在异常入侵检测中，通过观察系统运行过程中的异常现象，将用户当前行为与正常行为进行比对，当二者行为相差超出预设阈值时，就认为存在攻击行为。

（2）特征检测

特征检测是根据已知入侵攻击的信息来检测系统中的入侵和攻击行为。其需要对现有的各种攻击手段进行分析，建立特征集合，操作时将当前数据与特征集合进行比对，若匹配成功则说明有攻击发生。

（3）混合检测

混合检测是指在考虑、分析系统的正常行为和可疑的入侵行为之后，做出检测判断结果。一般来说，混合检测的检测结果更加全面、准确和可靠。

（4）入侵检测系统的发展方向

未来入侵检测系统的发展将会主要集中在以下四个方面。

①分析技术的改进。通过综合使用统计分析、模式匹配、数据重组等算法改进分析技术，解决误报和漏报等问题。

②内容恢复和网络审计功能的引进。调动网络管理员加入行为分析过程，了解整个分析过程和网络状况。

③集成网络分析和管理。收集网络中的数据，对网络进行故障分析和健康管理。

④安全性和易用性的提高。作为安全产品，入侵检测系统自身的安全和易用性也需要不断提高。

（5）入侵检测系统的关键技术

从技术上划分，入侵检测分为两类：一种基于标志，另一种基于异常情况。基于标志的检测技术，首先要定义违背安全策略的事件的特征，检测主要判别这类特征是否在所收集到的数据中出现。基于异常情况的检测技术则是先定义一组系统"正常"情况的数值，然后将系统运行时的数值与所定义的"正常"数值进行比较，从而得出是否有被攻击的迹象。

2.2.3 虚拟专用网络

虚拟专用网络（Virtual Private Network，VPN）是指利用密码技术和访问控制技术在公用网络上建立专用网络的技术。整个 VPN 网络的任意两个节点之间的连接并没有传统专网所需的端到端的物理链路，而是架设在公用网络服务商所提供的网络平台上，通过隧道技术实现不同网络之间以及用户与网络之间的连接。

（1）VPN 的类型

根据 VPN 的应用环境，通常将 VPN 主要分为三种：远程访问虚拟网（Access VPN）、企业内部虚拟网（Intranet VPN）和企业扩展虚拟网（Extranet VPN）。

（2）VPN 的关键技术

①隧道技术。隧道技术是 VPN 的基本技术，它在公网建立一条数据

通道，让数据包通过这条隧道传输。隧道实际上是一种封装，把协议 A 封装在协议 B 中传输，使协议 A 对公网透明。

②加密技术。利用加密技术保证数据安全是 VPN 的核心，加密技术多采用对称加密体制和公钥加密体制相结合的方法。目前，VPN 常用的加密算法有 DES、RC4 和 IDEA 等。

③密钥管理技术。密钥管理技术的主要目的是实现在公网上传输密钥而不被窃取，现行密钥管理技术主要有 SKIP 和 ISAKMP/OAKLEY 两种。

④身份认证技术。VPN 中最常用的身份认证技术主要包括用户名 / 密码、智能卡认证等。

（3）VPN 协议原理及特点

VPN 的隧道协议主要有 PPTP、L2TP 和 IPSec 三种，其中 PPTP 和 L2TP 协议为第二层隧道协议，IPSec 是第三层隧道协议。

PPTP 协议假定在 PPTP 客户机和 PPTP 服务器之间存在可用 IP 网络。若 PPTP 客户机本身已经是 IP 网络的组成部分，那么即可通过该 IP 网络与 PPTP 服务器取得连接；若 PPTP 客户机尚未连入网络，则 PPTP 客户机必须先建立 IP 连接。

PPTP 和 L2TP 协议都属于第二层隧道协议，使用 PPP 协议对数据进行封装，然后添加附加包头用于数据在互联网络上的传输。PPTP 要求互联网络为 IP 网络，L2TP 只要求隧道媒介提供面向数据包的点对点的连接；PPTP 只能在两端点间建立单一隧道，L2TP 支持在两端点间建立和使用多隧道；L2TP 可以提供包头压缩；L2TP 自身不提供隧道验证，而 PPTP 则支持隧道验证。

2.2.4　虚拟局域网

VLAN（Virtual Local Area Network，虚拟局域网）是一组逻辑上的设备和用户，这些设备和用户并不受物理位置的限制，可以根据功能、部门及应用等因素将它们组织起来，相互之间的通信就好像它们在同一个网段中一样。与传统的局域网技术相比较，VLAN技术更加灵活，网络设备的移动、添加和修改的管理开销减少，并且可以控制广播活动，整体上提高了网络的安全性。

（1）虚拟局域网标准

①按端口划分。利用交换机的端口来划分VLAN成员，允许各端口之间通信，并支持共享型网络的升级，但是，这种划分模式将虚拟网限制在了一台交换机上。

②按MAC地址划分。根据每个主机的MAC地址来划分，即对每个MAC地址的主机都分配一个归属的分组。这种划分方法在用户物理位置移动时，不用重新配置VLAN，但在初始化时，所有的用户都必须进行配置。

③按网络层划分。这种划分VLAN的方法主要是根据每个主机的网络层地址或协议类型进行划分的。

④按IP组播划分。IP组播实际上也是一种VLAN定义，即一个组播组就是一个VLAN，这种划分的方法将VLAN扩大到了广域网，因此这种方法具有更大的灵活性。

（2）虚拟局域网构建

VLAN是建立在物理网络基础上的一种逻辑子网，因此建立VLAN需要相应的支持VLAN技术的网络设备。当网络中的不同VLAN间进行相互通信时，需要路由的支持，这时就需要增加路由设备。这种路由设备既可采用路由器，也可采用三层交换机。

2.2.5 密码学

密码学虽然只是信息安全技术的一部分，但却是信息安全技术的核心内容。本小节介绍一些实际中广泛应用的密码学基础技术。

表2—1所列的安全威胁，可以应用密码学技术加以解决（见表2—1）。后续小节分别介绍了对称密码、非对称密码、哈希函数和数字

签名等密码学基础技术，以此帮助读者了解这些技术是如何解决以上安全问题的。

表 2—1　　　威胁、安全属性与密码学技术

面临的攻击威胁	所破坏的信息安全属性	解决问题所采用的密码学技术
截获（泄露信息）	机密性	对称密码和非对称密码
篡改（修改信息）	完整性	哈希函数、数字签名、对称密码和非对称密码
伪造（伪造信息来源）	真实性	数字签名
否认（事后否认发送信息和行为）	不可否认性	数字签名

（1）加密与解密

信息在不安全的公共通道中传输时，可能会被攻击者截获，并获取信息内容。截获是指一个非授权方介入系统，窃听传输的信息，导致信息泄露。它破坏了信息的保密性，如图 2—5 所示。非授权方可以是一个人，也可以是一个程序。截获攻击主要是通过嗅探和监听等手段截获信息，从而推测出有用信息，如用户口令、账号，文件或程序的不正当复制等。

图 2—5　截获

加密是保证信息保密性的主要技术手段，通过加密将消息变成他人"看不懂"的信息，这样即使有人截获信息，也无法获知信息的原文内容。

数据加密是指将明文信息采取数学方法进行函数转换成密文，只有特定接收方才能将其解密还原成明文的过程，数据加密主要涉及三要素：明文、密文、密钥。

明文（Plaintext）是加密前的原始信息。密文（Ciphertext）是明文被加密后的信息。密钥（Key）是控制加密算法和解密算法得以实现的关键信息，分为加密密钥和解密密钥。加密（Encryption）是将明文通过数学算法转换成密文的过程；解密（Decryption）是将密文还原成明文的过程。数据加密模型如图2—6所示。不同于古典密码学，现代密码学中的加解密算法是可以公开的，需要保密的只是密钥。不知道密钥，攻击者是无法解密密文的，即使截获了密文，他看到的也只是一些乱码，不能获知明文内容。

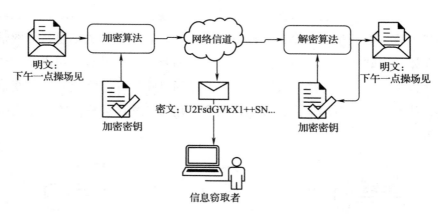

图2—6　数据加密模型

加密可以采用密码算法来实现，密码算法从密钥使用角度，可分为对称密码算法和非对称密码算法。

（2）对称密码算法

对称密码算法（也称单钥或私钥密码算法）：发送和接收数据的双方

必须使用相同的密钥对明文进行加密和解密运算，也就是说加密和解密使用的是同一密钥。这里的同一密钥，是指完全相同的密钥，或者由一个很容易推导出另外一个。

　　对称密码算法就如同现实生活中保密箱的机制，一般来说，保密箱上的锁有多把相同的钥匙。发送方把消息放入保密箱并用锁锁上，然后不仅把保密箱发送给接收方，而且还要把钥匙通过安全通道送给接收方，当接收方收到保密箱后，再用收到的钥匙打开保密箱，从而获得箱中的消息，如图 2—7 所示。

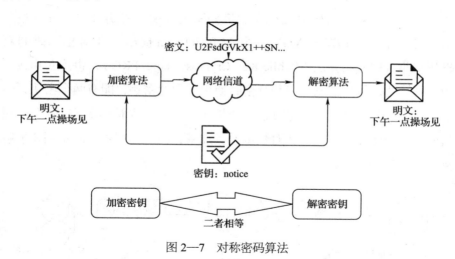

图 2—7　对称密码算法

　　典型的对称密码算法包括数据加密标准（Data Encryption Standard，DES）、3DES、国际数据加密算法（International Data Encryption Algorithm，IDEA）、高级加密标准（Advanced Encryption Standard，AES）等，其中DES 在目前的计算能力下，安全强度较弱，已较少使用，当前主要使用AES、IDEA 等密码算法。

　　对称密码算法的优点主要有：加密和解密的算法计算量小、速度较快，具有很高的数据吞吐率；算法易于硬件实现，硬件加解密的处理速度更快，适合用来加密大量数据；对称密码算法中使用的密钥相对较短，一般采用128比特、192比特、256比特；密文长度与明文长度相同。

对称密码算法的缺点主要有：密钥分发需要安全通道；密钥量大，难于管理；无法解决消息的篡改、否认等问题。因为通信双方拥有同样的密钥，所以接收方可以否认接收到某消息，发送方也可以否认发送过某消息。例如当主体A收到主体B的电子文档（电子数据）时，无法向第三方证明此电子文档确实来源于B。

（3）非对称密码算法

针对传统对称密码算法存在的诸如密钥分配、密钥管理和没有签名功能等局限性，1976年W.Diffie和M.E.Hellman提出了非对称密码的新思想。非对称密码算法（Public Key Cryptosystem，PKC），也称双钥或公钥密码算法，是指信息加密和解密时使用不同的密钥，即有两个密钥，一个是可以公开的（称为公钥），一个是私有的（称为私钥），这两个密钥组成一个密钥对。使用公钥对数据进行加密，则只有用对应的私钥才能解密，如图2—8所示。

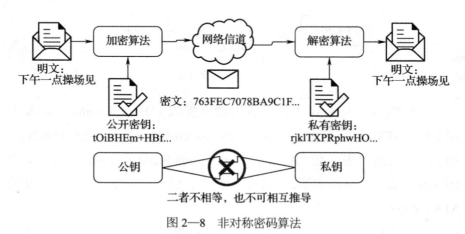

图2—8　非对称密码算法

非对称密码算法如同现在大家都熟悉的电子邮件机制，每个人的电子邮件地址是公开的，发信人根据公开的电子邮件地址向指定人发送信息，而只有电子邮件地址合法用户（知道口令）才可以打开这个电子邮件并获得消息。上述电子邮件地址可以看作是公钥，而电子邮件合法用户的口令可看作私钥。发件人把信件发送给指定的电子邮件地址，而只有知道这个用户电子邮件口令的用户才能进入这个信箱。

迄今为止，人们已经设计出许多非对称密码算法，如基于背包问题的 Merkle-Hellman 背包公钥密码算法、基于大整数因子分解问题的 RSA 和 Rabin 公钥密码算法、基于有限域中离散对数问题的 Elgamal 公钥密码算法、基于椭圆曲线上离散对数问题的椭圆曲线公钥密码算法等。这些密码算法都基于某个计算难题，如果出现新技术使得该计算难题变得易于解决，则该密码算法就不安全了。

非对称密码算法的优点主要有：密钥的分发相对容易，在非对称密码算法中，公钥是公开的，而用公钥加密的信息只有对应的私钥才能解开；使用非对称密码算法，用户不需要持有大量的密钥，因此密钥管理相对简单；可以提供对称密码算法无法或很难提供的不可否认性或认证服务（如数字签名）。

非对称密码算法的缺点主要有：与对称密码算法相比，非对称密码算法加解密运算复杂、速度较慢、耗费资源较大，不适合加密大量数据，因此常用来加密较短的信息，如密钥等；同等安全强度下，非对称密码算法的密钥位数要多一些，同理，包含密钥的输入参数也较大。

（4）混合加密

为了更好地利用对称密码算法和非对称密码算法的优点，尽可能消除两者自身存在的缺陷，在现实生活中，多采用混合加密方式。混合加密方式是对称密码算法和非对称密码算法的结合。如图 2—9 所示，该混合加密方式先使用对称加密算法对明文加密，再使用非对称加密算法的公钥对对称加密的密钥进行加密，完成之后同时传输密文和加密后的对称加密算法的密钥，接收者收到信息后，先用私钥解密出对称加密算法的密钥，再使用该密钥解密出明文。

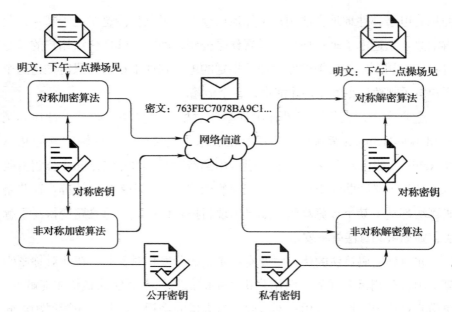

图 2—9　混合加密方式

（5）哈希函数

对称密码算法和非对称密码算法主要解决信息的机密性问题，而实际系统和网络还可能受到消息篡改等攻击，如图 2—10 所示。篡改攻击主要包括：修改信息内容，改变程序使其不能正确运行等。哈希函数可以用来保证信息的完整性。

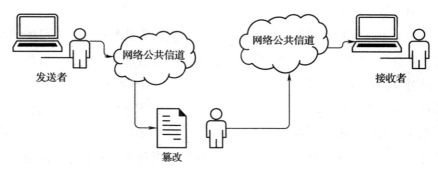

图 2—10　篡改

　　哈希（Hash）函数（也称为杂凑函数或单向散列函数）接受一个消息作为输入，产生一个称为哈希值的输出。输出的哈希值也可称为散列值、消息摘要（Message Digest，MD）。更准确地说，哈希函数是将任意有限长度比特串映射为固定长度的比特串。对哈希函数而言，输入的消息即使仅改变一个比特的内容，输出的哈希值都会发生变化。因此，可以通过哈希值是否发生改变来判断消息是否被篡改。

　　哈希函数具有单向性，即由输入（信息）计算出输出（哈希值）是容易的，但由输出（哈希值）计算出输入（信息）是困难的。此外，哈希函数可以将任意长度的数据处理成大小固定（长度通常较短）的输出。例如，几百兆或几千兆的数据经过哈希运算处理后，得到一个固定比特长度的哈希值。

　　当前常用的哈希函数有：Ron Rivest 设计的 MD5 系列算法；美国标准与技术研究所设计的安全哈希算法（Secure Hash Algorithm，SHA），1993年作为联邦信息处理标准发布，2008 年又有更新。SHA 系列算法是目前公认的最安全的哈希算法之一，其中 SHA-1 算法被视为 MD5 的替代候选算法，广泛应用于 SSL、IPSec 等安全协议。

　　下面以软件下载为例，说明哈希函数如何保护信息的完整性。为了防止软件被篡改，软件发布者会在发布软件的同时，发布该软件的哈希值，如图 2—11 所示。

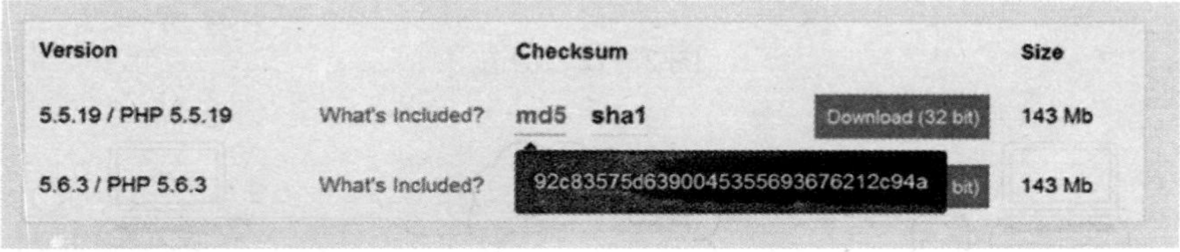

Version		Checksum		Size
5.5.19 / PHP 5.5.19	What's Included?	md5　sha1	Download (32 bit)	143 Mb
5.6.3 / PHP 5.6.3	What's Included?	92c83575d639004535569 3676212c94a	bit)	143 Mb

图 2—11　哈希函数在软件下载中的应用

　　下载软件后，用户可以使用软件工具（如 Hash 校验工具）来计算文件的哈希值，然后与该软件网站上公布的哈希值进行对比。通过对比，用户可以确认自己下载的软件文件是否与网站发布的软件文件一致，如果一致，则下载的软件没有被篡改。

（6）数字签名

除了保护信息的机密性和完整性，密码学技术也可以解决信息的可鉴别性（真实性或认证性）和不可否认性。

以信息传输为例，信息在不安全的信道中传输会面临伪造和否认的威胁。伪造是指非授权方伪装成某信息发送方发送信息，或将伪造的信息插入到传输信息中，让接收方误认为该信息是某信息发送方发送的。它破坏了信息的可鉴别性（即真实性），如图2—12所示。伪造攻击的例子很多，如在网络传输数据中插入假信息，或者在文件中追加记录等。否认是指信息发送方事后否认他发送的信息和行为，这破坏了信息的可鉴别性（即真实性），如图2—13所示。如甲向乙发送"以十万元价格购买商品"的邮件，事后甲后悔，于是否认该发送行为。

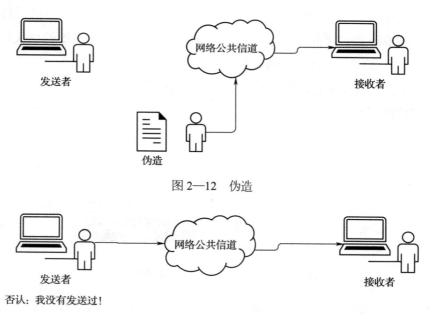

图2—12　伪造

图2—13　否认

在计算机网络应用中，特别是电子商务中，信息是否来自正确的发送人和电子交易的不可否认非常重要。后者是两方面的，一方面要防止发送方否认曾经发送过消息，另一方面要防止接收方否认曾经接收过消息，以免通信双方可能存在诈骗和抵赖。密码学中的数字签名技术可以防止伪造、篡改和否认等威胁。

数字签名（Digital Signature，DS）是指附加在数据单元上的一些数据，或是对数据单元所做的密码变换，这种数据或变换能使数据单元的接收者确认数据单元来源和完整性，防止抵赖。数字签名是一种将实际生活中的手写签名移植到数字世界中的技术。假定小王需要传送一份合同给小李。小李需要确认：合同的确是小王发送的，且合同在传输途中未被修改。数字签名过程如图2—14所示。

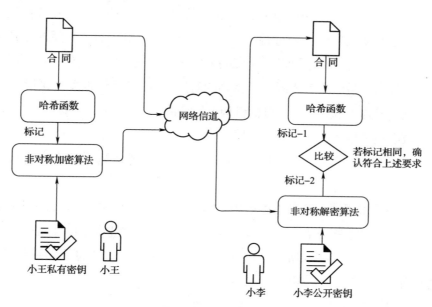

图2—14 数字签名过程

①发送方小王使用哈希函数计算合同的哈希值。
②发送方小王用自己的私钥加密该哈希值，形成数字签名。

③发送方小王将合同原文和数字签名发送给接收方小李。

④接收方小李用发送方的公钥解密数字签名，同时对收到的合同文件应用哈希函数生成哈希值。

⑤将解密后的数字签名和收到的合同文件与接收方重新生成的哈希值进行比对。如两者一致，则说明传送过程中信息没有被破坏或篡改；否则，验证未通过，签名无效。

数字签名是哈希函数和非对称密码技术相结合的产物。数字签名一般是对要签名文件哈希值进行"签名"，而不是对文件本身进行"签名"。这是因为要签名的文件一般比较长，当用非对称密码体制"签名"时，计算速度会比较慢，而对相对长度很短的哈希值进行"签名"则会快很多。此外，通过哈希函数的特性，还可以保证信息的完整性。

"签名"时，用公钥密码中的私钥进行"签名"（即加密）；验证签名时，用公钥密码中的公钥进行验证（即解密）。只有持有该私钥的用户可以做签名，其他人则不可以。对应的公钥是公开的，因此其他人都可以用它验证签名。当对签名人同公开密钥的对应关系产生疑问时，我们需要第三方颁证机构（也称第三方可信机构）的帮助。

数字签名技术主要有以下应用。

①可信性：签名让文件的接收者相信签名者是慎重地在文件上签名的。

②不可重用性：签名不可重用，即使同一消息在不同时刻的签名也是有区别的。如果将签名部分提取出来，附加在别的消息后面，验证签名会失败。这是因为签名和所签名消息之间是一一对应的，消息不同签名内容也不同，因此签名无法重复使用。

③数据完整性：在文件签名后，文件不能改变。

④不可伪造性：签名能够证明是签名者而不是其他人在文件上签名，任何人都不能伪造签名。

⑤不可否认性：在签名者否认自己的签名时，签名接收者可以请求可

信第三方进行仲裁。

数字签名作用本身是保证信息的完整性和不可否认性，数字签名是附加在明文信息后发送的，不能保证信息的机密性。

2.2.6　身份认证

（1）身份认证概述

信息安全的发展大致分为三个阶段：数据安全、网络安全、交易安全。数据安全依赖的基本技术是密码技术；网络安全依赖的基本技术是防护技术；交易安全的要求是可信性，为交易提供可信计算环境、可信网络连接、交易可信性证明。交易安全的基本技术是认证技术，它以可信性为主实施自愿型安全策略。身份认证技术是信息安全的核心技术之一。在网络世界中，要保证交易通信的可信和可靠，必须得正确识别通信双方的身份，于是身份认证技术的发展程度直接决定了信息技术产业的发展程度。

身份认证技术是证实被证对象是否属实或是否有效的一个过程，其基本思想是通过验证被认证对象的属性来达到被认证对象是否真实有效的目的。身份认证技术能够对信息的收发方进行真实身份鉴别，是保护信息安全的第一道大门，其任务是识别、验证网络信息系统中用户身份的合法性、真实性和抗抵赖性。

身份认证技术的发展，经历了从软件认证到硬件认证，从单因子认证到双（多）因子认证，从静态认证到动态认证的过程。

在开放的网络环境中，服务提供者需要通过身份鉴别技术判断提出服务申请的网络实体是否拥有其所声称的身份。身份认证是在网络中确认操作者身份的过程。身份认证一般依据以下三种基本情况或这三种情况的组合来鉴别用户身份。

第一，用户所知道的东西，如口令、密钥等。

第二，用户所拥有的东西，如印章、U盾（USB Key）等。

第三，用户所具有的生物特征，如指纹、声音、虹膜、人脸等。

身份认证过程可以是单向认证、双向认证和第三方认证。常见的单向认证是服务器对用户身份进行鉴别。双向认证则需要服务器和用户双方鉴别彼此身份。第三方认证则是服务器和用户通过可信第三方来鉴别身份。

（2）常见身份认证应用举例

下面简单介绍四种常见的身份认证应用。

其一，基于"用户所知"进行认证。

根据"用户所知"进行认证的方法有静态口令认证、短信口令认证和动态口令认证等。

①静态口令认证：用户设定自己的口令，每次认证输入该口令。例如，在打开计算机时，输入正确的账号和口令，操作系统认为该用户为合法用户。然而，许多用户为了防止忘记密码，经常采用诸如生日、电话号码等容易被猜测的字符串作为口令，或者把口令抄在纸上，这些行为容易造成密码泄露。此外，在验证过程中，如果计算机中被黑客植入木马程序，口令有可能被截获。静态口令机制无论是使用还是部署都非常简单，但从安全性上讲，账号 / 口令方式不是一种安全性高的身份认证方式。

②短信口令认证：是利用移动网络动态口令的认证方式。短信口令认证以手机短信形式请求包含 6 位随机数的动态口令，身份认证系统以短信形式发送随机的 6 位动态口令到用户的手机上。用户在认证时输入此动态口令即可。由于手机与用户绑定比较紧密，短信口令生成与使用场景是物理隔绝的，因此口令在通路上被截取概率较低。

③动态口令认证：是指用户利用动态口令生成终端，产生身份认证所需的一次性口令。主流的动态口令认证是基于时间同步方式的，每 60 秒变换一次动态口令，存在 60 秒的时间窗口，口令在这段时间内存在风险。现在已有基于事件同步的双向认证动态口令，以用户动作触发的同步原则，真正做到了一次一个口令，并且采用双向认证方式，即服务器验证

客户端，同时客户端也需要验证服务器，从而达到杜绝网页木马的目的。动态口令使用便捷，被广泛应用于网上银行、电子政务、电子商务等领域。

其二，基于"用户所有"进行认证。

根据"用户所有"进行认证的方法主要是 U 盾（USB Key）等。

USB Key 认证：基于 USB Key 的认证方法是近几年发展起来的一种方便、安全的身份认证技术。它采用软硬件相结合的挑战 / 应答认证模式。USB Key 是一种 USB 接口的硬件设备，它内置单片机或智能卡芯片，可以存储用户的密钥或数字证书，利用 USB Key 内置的密码算法实现对用户身份的认证。挑战 / 应答认证模式，即认证系统发送一个随机数（挑战），用户使用 USB Key 中的密钥和算法计算出一个数值（应答），认证系统对该数值进行检验，若正确则认为是合法用户。

其三，基于生物特征进行认证。

基于生物特征进行认证的方法有：指纹、声音、虹膜、人脸认证等。

生物特征是指唯一的可以测量或可自动识别和验证的生理特征或行为方式。通过识别生物特征可以进行身份认证。生物特征主要包括身体特征和行为特征。身体特征主要包括：指纹、掌型、视网膜、虹膜、人体气味、脸型、手的血管和 DNA 等；行为特征主要包括：签名、语音、步态等。目前，指纹识别技术已广泛应用于门禁系统、在线支付等。

为了加强认证的安全性，可将以上认证方法结合起来，如双因素认证。双因素认证一般基于用户所知道和所用的。目前使用最为广泛的双因素认证有：USB Key 加静态口令、口令加指纹识别与签名等。

其四，一次性口令鉴别方式。

为解决固定口令的问题，安全专家提出了一次性口令（One Time Password，OTP）的密码体制，以保护关键的计算资源。OTP 核心思路是在登录过程中加入不确定因素，使每次登录过程中传送的信息都不相同，以提高登录过程安全性。例如：登录密码 =MD5（用户名 + 密码 + 时间），系统接收到登录口令后做一个验算即可验证用户的合法性。

（3）身份认证技术发展趋势

第一，基于量子密码的认证技术。

量子密码技术是密码学与量子力学相结合的产物，采用量子态作为信息载体，经由量子通道在合法用户之间传递密钥。

量子密码的安全性是由量子力学原理所保证。"海森堡（Heisenberg）测不准原理"是量子力学的基本原理，指在同一时刻以相同精度测定量子的位置与动量是不可能的，只能精确测定两者之一。"单量子不可复制定理"是"海森堡测不准原理"的推论，它指在不知道量子状态的情况下复制单个量子是不可能的，因为要复制单个量子就只能先作测量，而测量必然改变量子的状态。量子密码技术可达到经典密码学所无法达到的两个最终目的：一是合法的通信双方可察觉潜在的窃听者并采取相应的措施；二是使窃听者无法破解量子密码，无论企图破解者有多么强大的计算能力。将量子密码技术的不可窃听性和不可复制性用于认证技术则可以用来认证通信双方的身份，原则上提供了不可破译、不可窃听和大容量的保密通信体系，真正做到了通信的绝对安全。主要有三类量子身份认证的实现方案：基于量子密钥的经典身份认证系统、基于经典密钥的量子身份认证系统、纯量子身份认证系统。

第二，IBE 技术。

IBE 是一种将用户公开的字符串信息（如邮件地址、手机号码、身份证号码等）用作公钥的公钥加密方式。1984 年阿迪·萨莫尔（Adi Shamir）首先提出了实现该方式的可能性。2001 年美国斯坦福大学的唐·博奈（Dan Boneh）和加利福尼亚大学戴维斯分校的马特·富兰克林（Matt Franklin）共同提出了具有开创性意义的基于标识的 IBE 算法。

在基于证书的 PKI 管理系统中，证书撤销、保存、发布和验证需要占用较多资源，且管理复杂。这就限制了 PKI 在实时和低带宽环境中的应用，而在基于身份的公钥密码系统中，公钥直接从用户的身份信息中获取，不需要可信第三方，能非常容易地实现认证的直接性，只需保留少量的公用参数，而不需要保留大量用户数据，不需要数据库的支持，不需要单独的目录服务器来存储公钥，也不需要公钥的管理和认证问题，大大降低了系统的复杂度。

第三，思维认证技术。

思维认证是一种全新的身份认证方式，它是以脑—机接口技术为基础，有望替代传统的身份认证方式。

脑—机接口技术（Brain-Computer Interface，BCI）通过实时记录人脑的脑电波，在一定程度上解读人的思维信号。其原理是：当受试主体的大脑产生某种动作意识之后或者受到外界刺激后，其神经系统的活动会发生相应的改变。这种变化可以通过一定的手段检测出来，并作为意识发生的特征信号。最吸引人的地方在于，试验表明即使对于同一个外部刺激或者主体在思考同一个事件的时候，不同人的大脑所产生的认知脑电信号是不同的。也就是说这些思维的信号携带有主体的独一无二的特性，因此人们可以通过探测被试者脑部的响应变化来进行身份认证。

社会工程因素被认为是整个安全链条中最薄弱的一环，思维认证方法使得对社会工程的攻击变得无效，即使非法者通过偷窥、骗取信任的方式获得了系统的口令，他却不能够模拟合法用户的特征思维信号，这种独一无二的特性能够有效地抵御各种攻击和入侵，因此无法通过验证系统。

第四，行为认证技术。

行为认证技术有别于传统的认证技术，他是以用户行为为依据的全新的认证技术。

行为认证技术的基本思想是：对于一个固定的用户，其行为总是遵循一定的习惯，表现为在行动操作中存在规律性，行为认证技术正是基于用户的行为习惯来判断用户的身份是否为假冒。

行为认证技术要求跟踪记录每个用户的历史行为习惯，并按照一定的算法从中抽取出规律，建立用户行为模型，当用户的行为习惯突然改变，与行为模型库中不匹配时，这种异常就会被检查出来。

一个典型的行为认证系统的结构如图 2—15 所示。

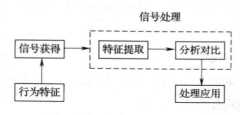

图 2—15　行为认证系统结构

不同人的行为习惯及表现具有独一无二的特性，因此行为认证技术能够有效抵御各种假冒攻击和入侵，保证身份识别的准确。

第五，自动认证技术。

自动认证技术是认证技术的演进方向，可以融合多种认证技术（标识认证技术、基于量子密码的认证技术、思维认证技术、行为认证技术等），可以接受多种认证手段（口令、KEY、证书、生物特征信息等），提供接入多元化、核心架构统一化、应用服务综合化的智能认证技术。

自动认证技术的原理是：综合利用各个认证因子作为整个认证系统的输入，利用专家知识系统对其进行判断，对其没有通过认证的和假冒成功的综合因子的特征信息经过免疫技术学习进化使得专家知识库不断更新，同时通过数据挖掘技术来识别专家知识库中不曾进化的潜在威胁。

一个典型的自动认证系统的结构如图 2—16 所示。

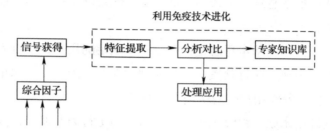

图 2—16　自动认证系统结构

单一因子的认证技术，很容易存在被假冒的风险，利用综合因子正好可以提高系统的安全性，同时可以做到多种认证手段的无缝接入，因此自动认证技术有着其他认证技术不可比拟的优势。

2.2.7　访问控制

（1）访问控制概述

在信息系统中，访问控制是在为系统资源提供最大限度共享的基础上，对用户的访问权进行管理，防止对信息的非授权篡改和滥用。其中，授权是指资源的所有者或控制者准许其他人访问该资源。访问控制是一种加强授权的方法。它为经过身份鉴别后的合法用户提供所需要的且经过授权的服务，拒绝合法用户越权的服务请求，同时拒绝非法用户的非授权访问请求，保证用户在系统安全策略下正常工作。

访问控制需要完成两个任务：识别和确认访问系统的用户，决定该用户可以对某一系统资源进行何种类型的访问。

访问控制包括主体、客体和控制策略三个要素。

①主体：是指提出访问资源具体请求的实体。它可能是某一用户，也可以是用户启动的进程、服务和设备等。

②客体：是指被访问资源的实体。所有可以被操作的信息、资源、对象都可以是客体。客体可以是信息、文件、记录等集合体，也可以是网络上硬件设施、无线通信中的终端，甚至可以包含另外一个客体。

③控制策略：是主体对客体的相关访问规则集合，即属性集合。访问策略体现了一种授权行为，也是客体对主体某些操作行为的默认。

访问控制是主体依据某些控制策略或访问权限，对客体本身或其资源赋予不同访问权限的能力，从而保障数据资源在合法范围内得以有效使用和管理。

访问控制安全策略实施遵循最小特权原则。在主体执行操作时，按照主体所需权利的最小化原则分配给主体权力。最大限度地限制主体实施授权行为，避免突发事件、操作错误和未授权主体等意外情况可能给系统造成的危险。

（2）访问控制模型与管理

其一，中国墙模型。

1989 年布鲁尔（Brewer）和纳什（Nash）提出的兼顾保密性和完整性的安全模型，又称 BN 模型。该模型对数据的访问控制是根据主体已经具有的访问权利来确定是否可以访问当前数据。其基本思想是只允许主体访问与其所拥有的信息没有利益冲突的数据集内的信息。

中国墙的含义是：初始时，一个主体可以自由选择访问任意的客体，不存在访问的强制性限制。但是，一旦主体做出了初始选择后，则它将不能再访问该利益冲突类中的其他企业数据集内的客体。

其二，基于角色的存储控制模型。

基于角色的存储控制模型（RBAC）主要用于管理特权，在基于权能的访问控制中实现职责隔离及极小特权原理。

RBAC 包含以下基本要素：用户集（Users）、主体进程集（Subjects）、角色集（Roles）、操作集（Operations）、操作对象集（Objects）、操作集和操作对象集形成的一个特权集（Privileges）；用户与主体进程的关系（subject_user）、用户与角色的关系（user_role）、操作与角色的关系（role_operations）、操作与操作对象的关系（operation_object）。

其三，域型强制实施模型。

域型强制实施（Domain and Type Enforcement，DTE）模型是由奥·布瑞恩和罗杰斯（O'Brien and Rogers）于 1991 年提出的一种访问控制技术。它通过赋予文件不同的类型（Type）、赋予进程不同的域（Domain）来进行访问控制，从一个域访问其他的域以及从一个域访问不同的型都要通过 DTE 策略的控制。

近年来 DTE 模型被较多的作为实现信息完整性保护的模型。该模型定义了多个域和类型，并将系统中的主体分配到不同的域中，不同的客体分配到不同的类型中，通过定义不同的域对不同类型的访问权限，以及主体在不同的域中进行转换的规则来达到保护信息完整性的目的。

（3）访问控制实现技术

根据控制策略的不同，访问控制技术可以划分为自主访问控制（Discretionary Access Control，DAC）、强制访问控制（Mandatory Access Control，MAC）和角色访问控制（Role-based Access Control，RBAC）三种策略。

一是自主访问控制。

自主访问控制（DAC）是最常用的一类访问控制机制，是用来决定一个用户是否有权访问一些特定客体的访问约束机制。它是针对访问资源的用户或者应用设置访问控制权限，这种技术的安全性最低，但灵活性很高。在很多操作系统和数据库系统中通常采用自主访问控制，来规定访问资源的用户或应用的权限。

二是强制访问控制。

强制访问控制（MAC）是一种不允许主体干涉的访问控制类型，它是基于安全标识和信息分级等信息敏感性的访问控制。它在自主访问控制的基础上，增加了对网络资源的属性划分，规定不同属性下的访问权限。这种访问控制技术引入了安全管理员机制，增加了安全保护层，可防止用户无意或有意使用自主访问的权利。强制访问控制的安全性比自主访问控制的安全性有了提高，但灵活性要差一些。

三是角色访问控制。

角色访问控制（RBAC）是目前国际上流行的先进的安全访问控制方法。它与访问者的身份认证密切相关，通过确定该合法访问者的身份来确定访问者在系统中对哪类信息有什么样的访问权限。一个访问者可以充当多个角色，一个角色也可以由多个访问者担任。角色访问控制具有以下优点：便于授权管理、便于赋予最小特权、便于根据工作需要分级、便于任务分担、便于文件分级管理、便于大规模实现。角色访问是一种有效而灵活的安全措施，目前对这一技术的研究还在深入进行中。另外，文件本身也可分为不同的角色，如文本文件、报表文件等，由不同角色的访问者拥有。

2.3 无线局域网安全

随着无线技术的应用日益广泛，无线网络的安全问题越来越受到人们的关注，通常，无线网络的安全性主要体现在访问控制和数据加密两个方面，访问控制保证敏感数据只能由授权用户进行访问，而数据加密则保证发送的数据只能被所期望的用户接受和理解。

无线局域网（Wireless Local Area Networks，WLAN）技术可以非常便捷的以无线方式连接网络设备，相对于有线局域网它具有许多优点，如人们可以随时随地地访问网络资源。无线局域网的结构如图 2—17 所示。无线网络在数据传输时利用微波辐射传播，因此，只要在无线接入点（Access Point，AP）覆盖范围内，所有无线终端都可以接收到无线信号。AP 无法将信号定向到一个特定的接收设备，因此，无线网络的安全保密问题就显得尤为突出。

当前无线网络协议存在安全漏洞，给攻击者进行中间人攻击、拒绝服务攻击、封包破解攻击等机会，鉴于无线网络自身特性，攻击者容易找到一个网络接口，在组织机构的建筑旁边接入其网络，肆意盗取组织机密或进行破坏。使用者可以考虑采取以下措施，增强无线网络使用的安全性。

（1）修改 admin 密码

无线 AP 与其他网络设备一样，也提供了初始的账号和口令，管理账号大多为 admin，默认口令可能为空或与账号相同，如果不改变默认的用户口令，将使恶意用户有机可乘。

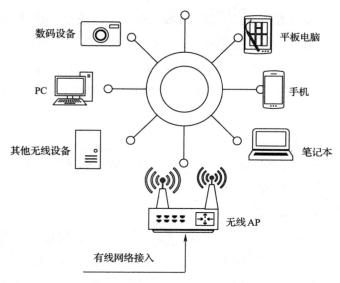

图 2—17　无线局域网的结构

（2）WEP 加密传输

数据加密是实现网络安全的重要手段，可以使用有线等效保密（Wired Equivalent Privacy，WEP）协议实现。WEP 是 IEEE 802.11b 协议中最基本的无线安全措施，主要用来防止数据被攻击者中途恶意篡改或伪造。该协议用 WEP 加密算法对数据进行加密，防止数据被攻击者窃听，并且利用接入控制防止未授权用户访问网络。

（3）禁用 DHCP 服务

动态主机配置协议（Dynamic Host Configure Protocol，DHCP）可以统一规划和管理网络中的 IP 地址，这种网络服务不需要手工设置 IP 地址，而是从 DHCP 服务器动态分配 IP 地址。如果启用无线 AP 的 DHCP 功能，那么恶意用户就能够自动获取 IP 地址，从而轻松接入无线网络。禁用 DHCP 功能将使得恶意用户不得不猜测和破译 IP 地址、子网掩码、默认网关等一切所需的 TCP/IP 参数。

（4）禁止 SSID 广播

服务集标识（Service Set Identifier，SSID）一般指无线设备在无线广播时的名称（ID），可以根据这个 ID 来识别和联系这个设备。SSID 默认采用广播方式通知客户端，为了保证无线网络安全，应当禁止 SSID 广播。这样非授权客户端无法通过广播获得 SSID，也就无法连接到无线网络。否则，再复杂的 SSID 设置也没有意义。

（5）禁止远程管理

在网络规模较小的情况，可以直接登录到无线 AP 进行管理。因此，无须开启无线 AP 的远程管理功能。

（6）MAC 地址过滤

利用无线 AP 的访问列表功能可以精确地限制连接到无线网络节点的工作站。那些不在访问列表的工作站，则无权访问。每一块无线上网卡都有自己的 MAC 地址，可以在无线网络节点设备中创建一张"MAC 访问控制列表"，这样只有合法网卡 MAC 地址才能进入无线网络。

（7）合理放置无线 AP

无线 AP 的放置位置不但能够决定无线局域网的信号输入速度、通信信号强弱，还能影响无线网络的通信安全。在放置天线之前，一定要确定无线信号的覆盖范围，然后根据范围大小，将天线放置到其他用户无法触及的位置。

第三章
应用与数据安全

随着通信技术的快速发展，互联网已成为日常生活和工作中不可或缺的一部分。人们不仅可以利用互联网发送电子邮件、传送即时消息，还可以在网上银行完成各种支付。近年来，各种网络安全事件频频出现，为保证使用安全，用户需要了解一些基本的应用与数据安全防护知识。

本章主要介绍浏览器安全、网上金融交易安全、电子邮件安全、数据安全和账户口令安全。

3.1 浏览器安全

服务器端是指网络中能对其他计算机和终端提供某些服务的计算机系统，比如新浪网网站服务器等。客户端与服务器端相对应，是指为客户提供本地服务的程序，一般安装在普通的客户机上，需要与服务器端互相配合运行，如安装在移动智能终端上的地图导航程序。当终端访问服务器提供各种服务时，有两种访问方式，一种是客户端 / 服务器模式，另一种是浏览器 / 服务器模式。

客户端 / 服务器结构（Client/Server，简称为 C/S 结构）是一种软件系统的体系结构，此结构中客户端程序和服务器端程序通常分布于两台计算机上，客户端程序的任务是将用户的要求提交给服务器端程序，再将服务器端程序返回的结果以特定的形式显示给用户；服务器端程序的任务是接收客户端程序提出的服务请求，并进行相应的处理，再将结果返回给客户端程序。

浏览器/服务器结构（Browser/Server，简称为 B/S 结构）中终端用户不需要安装专门的软件，只需要安装浏览器即可。这种结构将系统功能的核心部分集中到服务器上。以新浪网网站为例，用户所使用的浏览器即为客户端程序，在浏览器中输入新浪的网址，用户就向新浪的网站服务器发出访问请求，新浪的服务器接收客户端访问请求并进行处理，将结果返回给浏览器，由浏览器显示，提供给用户查看。随着因特网和移动互联网的快速发展，B/S 结构得以快速发展，针对浏览器的安全威胁也越来越多，因此保护浏览器的安全就显得非常重要。

浏览器是可以显示网页文件，并提供用户与服务器进行交互的一种软件。个人计算机上常见的网页浏览器有 Internet Explorer、Firefox、Chrome、360 安全浏览器等。下面介绍一些常用的浏览器安全措施。

（1）删除和管理 Cookie

Cookie 是指网站放置在个人计算机上的小文件，用于存储用户信息和用户偏好的资料，Cookie 可以记录用户访问某个网站的账户和口令，从而避免每次访问网站时都需要使用输入账户和口令登录。Cookie 给用户访问网站带来便利的同时，也存在一些安全隐患。因为 Cookie 保存的信息中常含有一些个人隐私信息，如果攻击者获取这些 Cookie 信息，会危及个人隐私安全。所以在公用计算机上使用浏览器后需删除 Cookie 信息。

（2）删除浏览历史记录

浏览历史记录是在用户浏览网页时，由浏览器记住并存储在计算机的信息。这些信息包括输入表单的信息、口令和访问的网站，方便用户使用浏览器再次访问网站。如果用户使用公用计算机上网，而且不想让浏览器记住用户的浏览数据，用户可以有选择地删除浏览器历史记录。

（3）禁用 ActiveX 控件

ActiveX 控件是一些嵌入在网页中的小程序，网站可以使用这类小程序提供视频和游戏等内容。但是，ActiveX 控件会造成一些安全隐患，攻击者可以使用 ActiveX 控件向用户提供不需要的服务。某些情况下，这些程序还可以用来收集用户计算机的个人信息、破坏计算机的信息，或者在未获取用户同意的情况下安装恶意软件。

3.2 网上金融交易安全

网上金融交易是指用户通过因特网完成各种网络金融服务和网络电子商务支付。网络金融服务包括账户开户、查询、对账、行内转账、跨行转账、信贷、网上证券、投资理财等服务项目，用户可以足不出户就完成各种金融业务。网络电子商务支付可以使用银行卡或者第三方支付平台完成网络购物，如购买飞机票和火车票等。

为保障安全，网上金融交易一般不采用简单的账户/口令的验证方式来识别用户身份，多采取双因素身份认证识别用户身份，只有通过身份认证的用户才能通过网络完成各种转账、支付等操作。

网上金融交易常用的安全措施如下。

（1）U 盾（USB-Key）

U 盾是用于网上电子银行签名和数字认证的工具，它内置微型智能卡处理器，采用非对称加密体制对网上数据进行加密、解密和数字签名。用户选择使用 U 盾后，所有涉及资金对外转移的网银操作，都必须使用 U 盾才能完成。使用 U 盾时，除了需要将 U 盾插入计算机，还需要输入设置的口令才能完成身份认证。

（2）手机短信验证

用户向网络金融交易平台发出交易请求后，网络金融交易平台向用户绑定的手机号码发出一次性口令的短信，只有在输入用户口令和短信验证口令后，整个交易才能被确认并完成。

（3）口令卡

口令卡相当于一种动态的电子银行口令。口令卡上以矩阵的形式印有若干字符串，用户在使用电子银行进行对外转账、缴费等支付交易时，电子银行系统就会随机给出一组口令卡坐标，用户根据坐标从卡片中找到口令组合并输入。只有口令组合输入正确时，用户才能完成相关交易。这种口令组合是动态变化的，用户每次使用时输入的口令都不一样，交易结束后即失效，从而防止攻击者窃取用户口令。

（4）采用安全超文本传输协议

安全超文本传输协议是以安全为目标的 HTTP 通道协议（Hyper Text Transfer Protocol over Secure Socket Layer，HTTPS），是 HTTP 协议的安全版。HTTPS 协议提供了身份验证与加密通信方法。广泛用于因特网上安全敏感的通信，例如银行网站登录采用的就是 HTTPS 方式，该安全协议可以很大程度上保障用户数据传输的安全。

3.3 电子邮件安全

电子邮件（Electronic mail，Email）是一种用电子手段提供信息交换的服务方式，是互联网上应用最为广泛的服务之一。

互联网上的电子邮件系统如图 3—1 所示。用户代理（User Agent，UA）是用户与电子邮件系统的接口。如果用户使用电子邮件客户端软件（如 Foxmail 软件）收发和处理邮件，用户代理就是邮件客户端软件。如果用户使用浏览器收发邮件，各种电子邮件服务商提供的网页程序（如网易提供的 163 邮箱）也是用户代理。

当发送方给接收方发送电子邮件时，发送方使用用户代理撰写邮件后发送，邮件会通过简单邮件传输协议（Simple Mail Transfer Protocol，SMTP）与发送方邮件服务器通信，将邮件上传到发送方邮件服务器，发送方邮件服务器会进一步使用 SMTP 协议将邮件发送到接收方邮件服务器。接收方通过用户代理，使用邮局协议（Post Office Protocol，POP）将邮件从接收方邮件服务器下载到客户端进行阅读。目前邮件系统广泛使用的是 POP3 协议。

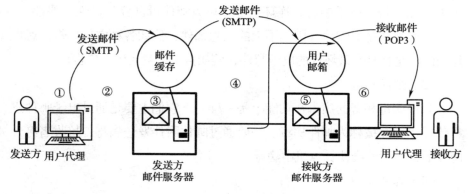

图 3—1 电子邮件系统

3.3.1 电子邮件安全威胁

随着电子邮件的广泛应用，电子邮件面临的安全威胁越来越多。这些威胁包括邮件地址欺骗、垃圾邮件、邮件病毒、邮件炸弹、邮件拦截、邮箱用户信息泄露等。下面简要介绍前四种安全威胁。

（1）邮件地址欺骗

邮件地址欺骗是黑客攻击和垃圾邮件制造者常用的方法。由于在SMTP 协议中，邮件发送者可以指定 SMTP 发送者的发送账户、发送账户的显示名称、SMTP 服务器域名等信息，如果接收端未对这些信息进行认证，就可能放过一些刻意伪造的邮件。攻击者可以通过自行搭建 SMTP 服务器来发送伪造地址的邮件。目前，正规的邮件服务器都有黑名单和反向认证等机制，如检查邮件来源 IP、检查邮件发送域、反向 DNS 查询、登录验证等。伪造邮件一般很难通过严格设置的邮件服务器，但用户还是要对邮件内容涉及敏感信息的邮件来源保持高度警惕。

（2）垃圾邮件

垃圾邮件是指未经用户许可就强行发送到用户邮箱的电子邮件。垃圾邮件一般具有批量发送的特征，其内容包括赚钱信息、成人广告、商业或个人网站广告、电子杂志、连环信等。垃圾邮件可以分为良性和恶性的。良性垃圾邮件是对收件人影响不大的信息邮件，例如各种宣传广告。恶性垃圾邮件是指具有破坏性的电子邮件，例如携带恶意代码的广告。

（3）邮件病毒

邮件病毒和普通病毒在功能上是一样的，它们主要是通过电子邮件进行传播，因此被称为邮件病毒。一般通过邮件附件发送病毒，接收者打开邮件后运行附件会使计算机中病毒。

（4）邮件炸弹

邮件炸弹指邮件发送者利用特殊的电子邮件软件，在很短的时间内连续不断地将邮件发送给同一收信人，由于用户邮箱存储空间有限，没有多余空间接收新邮件，新邮件将会丢失或被退回，从而造成收件人邮箱功能瘫痪。同时，邮件炸弹会大量消耗网络资源，常常导致网络阻塞，严重时可能影响大量用户邮箱的使用。

3.3.2 电子邮件安全防护技术

（1）垃圾邮件过滤技术

垃圾邮件过滤技术是应对垃圾邮件问题的有效手段之一。下面介绍黑白名单过滤和智能内容过滤两种垃圾邮件过滤技术。

黑白名单过滤采用最简单直接的方式对垃圾邮件进行过滤。由用户手动添加需要过滤的域名、发信人或发信 IP 地址等。对于常见的广告型垃圾邮件，此方法的防范效果较为明显。但此种方式属于被动防御，需要大量手工操作，每次需要对黑白名单手工添加。

智能内容过滤主要针对邮件标题、邮件附件文件名和邮件附件大小等选项设定关键值。当邮件标题、邮件附件文件名和邮件附件大小等选项被认为是垃圾邮件，邮件系统就会将其直接删除。

（2）邮件加密和签名

未经加密的邮件很容易被不怀好意的偷窥者看到，如果对带有敏感信息的邮件进行加密和签名，就可以大大提高安全性。用于电子邮件加密和签名的软件有许多，GnuPG（GNU Privacy Guard）是其中常见的一种开源软件。

GnuPG 是一个基于 RSA 公钥密码体制的邮件加密软件，可以加密邮件以防止非授权者阅读，同时还可以对邮件加上数字签名，使收信人可以确认邮件发送者，并确认邮件没有被篡改。

3.4 数据安全

随着信息技术的发展，数据已经成为企业和个人的宝贵财富，不论是对企业用户还是对个人用户都至关重要。如果数据不慎丢失或损坏，会给企业和个人造成不可估量的损失，轻则令辛苦积累的心血付之东流，重则影响企业的正常运作。

随着数据价值的增加，数据的安全性也越来越重要。在人们日常工作、学习、生活中如何确保数据的安全成为一个急需解决的问题。

3.4.1 数据备份

在系统运行和维护的过程中，常会有一些难以预料的因素导致数据丢失，如硬件毁损、操作失误等。为确保数据的安全性，需对数据进行备份。数据备份是容灾的基础，是为防止系统出现操作失误或系统故障导致数据丢失，而将全部或部分数据集合，从应用主机的硬盘或阵列复制到其他异地存储介质或移动硬盘的过程。

数据备份的方式有多种，传统方式是采用内置或外置的磁带机进行冷备份。备份后的磁带机数据保存在安全的位置，这种备份方式恢复数据的时间很长。随着技术的不断发展，海量数据的增加，不少企业开始采用网络备份。网络备份一般通过专业的数据存储管理软件结合相应的硬件和存储设备来实现。

随着云计算和云技术的发展，越来越多的人使用云备份的方式来保存重要资料。个人和企业可以将重要数据备份到云服务器上，需要使用时，从云服务器上下载到本地使用。

3.4.2　数据恢复

人们在日常生活和工作中会经常遇到数据丢失的情况，比如 U 盘误格式化、误删除某个文件、计算机硬件出现故障等，因此数据恢复引起越来越多的关注和重视。了解数据恢复原理及掌握一些常用数据恢复工具的使用，可以恢复各种丢失的数据，挽回用户的损失。

如果不慎删除硬盘分区信息或者误格式化硬盘，造成系统信息区破坏，无法读取数据资料，首先应关机，不要轻易对硬盘数据资料进行写操作，否则会增加数据恢复的难度。重新开机后，再使用数据恢复工具恢复硬盘上的数据。

EasyRecovery 是一款常用的数据恢复工具，当硬盘因病毒、格式化分区、误删除、断电或瞬间电流冲击、程序非正常操作或系统故障造成数据毁坏时，它可以帮助用户恢复丢失的数据以及重建文件系统。EasyRecovery 不会向用户的原始驱动器写入任何数据，它的工作原理是在内存中重建文件分区表，然后将数据安全地传输到其他驱动器中。

使用数据恢复软件找回数据文件的前提是硬盘中还保留有误删除文件的信息和数据块。当用户误删除文件或者误格式化 U 盘后，不要在该分区中写入任何文件，否则这些需要恢复的数据就有可能被写入的数据覆盖，恢复数据的难度就会加大。因此，为了恢复误删除的数据，就不能对要修复的分区或硬盘进行新的读写操作。

3.4.3　数据加密

数据加密是保护数据安全的主要手段之一，可以避免用户在传输或存储重要信息过程中，被第三方窃取信息。常见的数据加密工具可以分为硬件加密工具和软件加密工具。硬件加密工具直接通过硬件单元，如利用 USB 接口或者计算机并行口等对数据进行加密，加密后可以有效地保护用户信息、隐私或知识产权。软件加密工具主要有文件加密工具、光盘加密工具和磁盘加密工具。对单个文件或文件夹进行加密的工具有很多。例如，ZIP 和 RAR 等压缩包可以用来加密大文件，压缩时可以设置密码，获取压缩包内的内容需要输入正确的口令才能解压。WPS、Word、PPT、PDF 等也可以通过设置口令的方式来加密文件。光盘加密工具可以防止光盘数据被复制，可采用的方法很多。用户可以给光盘添加密码。例如，SecureBurn 软件可以在正式刻录之前对光盘进行密码保护，然后通过软件内置的刻录功能即可直接获得有密码保护的光盘。用户也可以让文件只能在光盘中运行。例如，CD-Protector 制作的加密光盘，他人无法通过直接复制文件获得光盘中的重要文件，即使把文件复制到硬盘再运行也会出现出错提示信息而不能使用。光盘加密工具可以对镜像文件进行可视化修改，隐藏光盘镜像文件。此外，还可以放大一般的文件，将普通目录改成文件目录，由此保护光盘中的机密文件和有关隐私的信息。磁盘加密工具则是对磁盘数据进行加密。目前主要有以下磁盘加密工具。

① PGPDisk。该软件是美国 PGP 公司开发的 PGP 系列安全软件中的一个套件，它的核心思想是通过建立虚拟磁盘来存放并保护加密数据。用户在使用虚拟磁盘文件时需要输入口令，所有存放在虚拟磁盘中的文件都是加密的。如果用户不需要这个虚拟磁盘，可以删除。

② TrueCrypt。这是一款免费开源的加密软件，同时支持多种操作系统。该软件通过在计算机上产生一个或几个虚拟磁盘来存放敏感数据，每个虚拟磁盘使用高强度密码算法进行加解密，加解密过程全部自动实现，用户只要输入正确的口令，就能读取这些文件，否则不能读取数据。

为了数据安全，加密数据时应尽量保证：

第一，加密过程足够强大并覆盖整个磁盘，包括剩余空间、交换文件等。

第二，加密密钥足够长，能够抵御暴力破解攻击。

第三，加密密钥自身的机密性能够得到保障，例如用于加密磁盘的密钥从不存储在被加密保护的磁盘中。

除了采用数据加密保证数据的保密性，用户还可以通过对数据文件添加数字签名来保证数据文件的完整性和真实性，防止数据被篡改或伪造，也可避免可能存在的欺骗和抵赖。一些应用软件可以对数据文件进行签名，如 Word、邮件客户端 Foxmail 等。

3.4.4 数据删除

硬盘等存储介质作为数据存储和交换的媒体，在日常工作中使用频繁。这些介质如处置不当，往往使得不法分子有机会通过对存储介质进行数据恢复来窃取曾经存储的重要数据，导致泄密，这成为信息安全的重要隐患。因此，如何彻底删除计算机数据，防止信息泄露，已成为当今信息安全技术的一个重要研究内容。

在 Windows 系统中，系统的文件删除命令是"Delete"，使用"Delete"删除文件以后，文件并没有真正删除，而是被移动到一个称为"回收站"的系统目录中，除非回收站满，或使用"Shift+Delete"组合键来删除，或清空回收站时，才真正删除了文件。由于 Windows 操作系统只考虑了由操作系统本身对系统资源存取，因此无论是在文件分配表（File Allocation Table，FAT）还是新技术文件系统（New Technology File System，NTFS）下，操作系统删除文件的标准都是"对操作系统不可见"，事实上，只是对文件的目录作了删除标记，保证了文件在删除前所占用的空间确实得到释放，而文件实际存放在数据区的内容毫无改变。从以上原理可知，只要数据区没有被破坏，数据就没有完全删除，就存在被恢复的可能。

数据安全删除就是要安全删除了要删除的文件，包括文件相关属性信息，即完全破坏数据，使数据恢复无法进行，从而实现保护数据的目的。目前安全删除的方法，归纳起来，大体上可以分为硬销毁和软销毁两类。

数据硬销毁即破坏性销毁，是指采用物理破坏或化学腐蚀的方法把记录涉密数据的物理载体完全破坏掉，从而从根本上删除数据的销毁方式，是对保护数据不被恢复的安全、彻底的方法。数据硬销毁可分为物理销毁和化学销毁两种方式。物理销毁又可分为消磁、熔炉中焚化和熔炼、借助外力粉碎及研磨磁盘表面等方法。物理销毁方法费时、费力，一般只适用于保密要求较高的场合。化学销毁是指采用化学药品（比如高腐蚀性的浓盐酸和浓硫酸等）腐蚀、溶解、活化及剥离磁盘记录表面的数据销毁方法。化学销毁方法只能由专业人员在特定场所中进行。

数据软销毁即逻辑销毁，是指通过软件编程实现对数据及其相关信息的反复覆盖擦除，达到不可恢复的安全删除目的。一般情况下，认为低级格式化以后，数据恢复的可能性依然存在。要保证安全，必须通过多次写入新数据来覆盖旧数据才能真正达到数据安全删除的目的。数据软销毁通常采用数据覆写法。数据覆写是将非保密数据写入以前存有敏感数据的硬盘簇的过程，其技术原理是依据硬盘上的数据都是以二进制的"1"和"0"形式存储的，而使用预先定义的无意义、无规律的信息反复多次覆盖硬盘上原先存储的数据，就无法知道原先的数据，也就达到了销毁数据的目的。由于经过数据覆写法处理后的硬盘可以循环使用，适用于密级要求不是很高的场合，特别是需要对某一具体文件进行销毁而其他文件不能破坏时，这种方法更为实用。现在常见的数据销毁软件，如 BCWipe、Eraser等，主要是针对文件、剩余空间和物理磁盘的销毁。所采用的方式都是通过软件对磁盘进行相应的覆写。数据覆写技术犹如碎纸机，是安全、经济的数据软销毁方式之一。

3.5 账户口令安全

当用户在使用各种应用时，需通过账户和口令来验证身份从而访问某些资源，因此，账号口令的安全性非常重要。当前攻击者窃取用户口令的方式主要有以下三种。

（1）暴力破解

暴力破解又称口令穷举，就是通过计算机对所有可能的口令组合进行穷举尝试。如果攻击者已知用户账户，用户的口令又比较简单，例如简单的数字组合，攻击者使用暴力破解工具可以很快破译口令。因此在一些安全性较高的系统，如网银系统，会限制口令的输入次数，降低暴力破解口令的成功率。

（2）键盘记录木马

如果用户的计算机被植入键盘记录木马，当用户通过键盘输入口令时，键盘记录木马程序会记住用户输入的口令，然后木马程序通过自带邮件发送功能把记录的口令发送到攻击者指定的邮箱。

（3）屏幕快照木马

如果用户的计算机被植入屏幕快照木马，木马程序会通过屏幕快照将用户的登录界面连续保存为两张黑白图片，然后通过自带的发信模块将图片发送到指定邮箱。攻击者通过对照图片中鼠标的点击位置，就能破译出用户账号和口令。

用户在设置账户的口令时，应遵循以下原则：严禁使用空口令；严禁使用与账号相同或相似的口令；不要设置简单字母和数字组成的口令（如password1）；不要设置短于6个字符或仅包含字母或数字的口令；不要使用与个人有关的信息作为口令内容，如生日、身份证号码、亲人或者伴侣的姓名、宿舍号等。

为了保证口令的安全性，建议用户每隔一段时间更新一次账号口令。如果用户是在公共场所使用计算机上网，登录账户时不要选择保存口令和自动登录，离开时要清除使用过的记录。

▎第四章
数字内容安全

4.1 内容安全基础

4.1.1 内容安全含义

数字资源是数字化的信息资源或数字化的文献，是指可通过计算机本地或远程读取、使用，以数字形式存放在光、磁载体上，以电信号、光信号的形式传输的图像、文字、声音、视频等信息。数字资源一般具有存储空间小、形式多样等特点。随着数字化技术的发展，数字资源内容的内涵日益丰富，主要包括数字音像、科学出版、远程教育、动漫游戏、金融信息、政府公告、网络博客、网络论坛等，涉及教育、科学、金融、文化、娱乐、商业、通信等各个领域。

伴随着互联网技术和移动互联网技术的迅猛发展，数字资源内容能够通过互联网快速传播。这些数字资源的快速传播为人们生活带来极大便利的同时，也造成了诸多安全威胁。数字内容面临的常见安全威胁有以下三个方面。

第一，数字内容盗版。也就是数字内容版权被侵犯，数字资源（包括动画、游戏、影视、数字出版、数字创作、数字馆藏、数字广告、信息服务、咨询、移动内容、数字化教育、内容软件等）的版权和应得的利益被侵犯。

第二，隐私保护。随着大量数字内容在网络上快速传播，越来越多的公民个人隐私信息泄露并在网络上传播，有的被地下黑色交易，对人们的日常生活带来较大危害。

第三，网络舆情监控。网络空间成为人们日常生活中重要的交流场所之一，人们通过互联网获取各种信息，并通过互联网完成日常的交流和互动。但因为人们在互联网世界中是虚拟的身份，且互联网上到处都充斥着宣扬反动、色情、暴力、犯罪等内容，对社会和谐构成威胁，急需对数字资源内容进行控制。

4.1.2　内容安全重要性

数字资源内容安全是信息安全在政治、法律、道德层次上的要求，即信息内容在政治上是健康的，而且信息内容必须符合国家法律法规，同时还需要符合中华民族优良的道德规范。除此之外，广义的内容安全还包括信息内容保密、知识产权保护、信息隐藏和隐私保护等诸多方面。国家制定了相关法律法规来保障数字内容的安全性。

《网络安全法》第十二条指出："国家保护公民、法人和其他组织依法使用网络的权利，促进网络接入普及，提升网络服务水平，为社会提供安全、便利的网络服务，保障网络信息依法有序自由流动。任何个人和组织使用网络应当遵守宪法法律，遵守公共秩序，尊重社会公德，不得危害网络安全，不得利用网络从事危害国家安全、荣誉和利益，煽动颠覆国家政权、推翻社会主义制度，煽动分裂国家、破坏国家统一，宣扬恐怖主义、极端主义，宣扬民族仇恨、民族歧视，传播暴力、淫秽色情信息，编造、传播虚假信息扰乱经济秩序和社会秩序，以及侵害他人名誉、隐私、知识产权和其他合法权益等活动。"

《网络安全法》第四十条规定："网络运营者应当对其收集的用户信息严格保密，并建立健全用户信息保护制度。"第四十二条规定："网络运营者不得泄露、篡改、毁损其收集的个人信息；未经被收集者同意，不得向他人提供个人信息。但是，经过处理无法识别特定个人且不能复原的除外。网络运营者应当采取技术措施和其他必要措施，确保其收集的个人信息安全，防止信息泄露、毁损、丢失。在发生或者可能发生个人信息泄露、毁损、丢失的情况时，应当立即采取补救措施，按照规定及时告知用户并向有关主管部门报告。"

国家还颁布了《国务院关于授权国家互联网信息办公室负责互联网信息内容管理工作的通知》（国发〔2014〕33号），该通知指出为促进互联网信息服务健康有序发展，保护公民、法人和其他组织的合法权益，维护国家安全和公共利益，授权重新组建的国家互联网信息办公室负责全国互联网信息内容管理工作，并负责监督管理执法。

由此可见，互联网数字内容监管在法律和政策中的地位日益凸显。

4.1.3 内容安全需求

内容安全需求主要包括内容来源可靠、敏感信息泄露控制以及不良信息传播控制3个方面。

（1）内容来源可靠

数字内容来源的可靠性可以通过数字版权来保证。数字版权即各类出版物、信息资料的网络出版权，以及可以通过新兴的数字媒体传播内容的权利，包括制作和发行各类电子书、电子杂志、手机出版物等的版权。

数字版权管理（Digital Rights Management，DRM）指的是出版者用来控制被保护对象使用权的一些技术，这些技术保护的有数字化内容（如软件、音乐、电影）以及硬件、处理数字化产品的某个实例的使用限制。

（2）敏感信息泄露控制

随着信息化的发展，信息技术强大的开放性和互通性为企业提供了便利，但同时各种泄密事件和个人隐私信息泄露事件频发。敏感信息的泄露大致分为个人隐私信息泄露和企业信息泄露两大类。例如各类企业利用信息化技术打破地域阻碍的同时会产生大量的关乎企业核心竞争力的商业机密资料，如客户资料、营销方案、财务报表、研发数据等，这些商业机密信息的泄露给企业造成巨大损失。因此，敏感信息泄露控制逐渐成为企业关注的焦点。个人隐私信息的泄露方式主要集中于网络社交工具泄露与票据信息泄露等。个人隐私信息泄露也会给个人造成巨大困扰，为防止个人隐私信息泄密，应当加强法治监管，培养个人信息安全意识。对于企业而言，需要从技术防范和信息安全管理两个角度来防止企业敏感信息泄露；同时组织人员进行保密培训，提高员工的信息安全防范意识。

（3）不良信息传播控制

互联网是一个虚拟空间，互联网的匿名性使得它成为传播不良信息的便利场所。在互联网上，各种色情、诈骗、暴力、谩骂、攻击、诽谤信息比比皆是。网上不良信息的传播范围广，而且传播速度快，因此网上不良信息的危害性极大，如果不采取适当有效的措施，互联网不良信息会给社会和民众造成极大威胁，因此监控不良信息传播具有重要意义。

不良信息的传播者包括不良信息的初始传播者和再传播者，传播者中既有个人，也有组织。需要从法律、行政监管、群众监管和行业自律等多个方面构建互联网不良信息的传播者控制机制。此外，需要建立完善的网络舆情监控机制，随时关注互联网上的舆情动向，及时对不良信息进行处理。

4.2 数 字 版 权

4.2.1 版权

版权又称为著作权，是知识产权的一种，指作者对其所创作的文学、艺术和科学技术作品依法所享有的专有权利。版权强调对权利人创作的、具有原创性的作品实施法律保护。就其内容而言，版权包括两类权利，分别是经济权利和精神权利。

经济权利又称为财产权利，是指法律赋予版权人的、通过依法利用或者许可他人使用其作品而获得经济利益的权利，包括复制权、发行权、改编权、翻译权、汇编权、传播相关权利和出租权。

精神权利又称为人身权或人格权，是指作者基于作品依法享有的以人身利益为内容的权利，包括发表权、署名权、修改权和保护作品完整权。

4.2.2　数字版权管理

数字版权管理是随着电子图书和数字音视频节目在互联网上的广泛传播而发展起来的一种新技术。其目的是保护数字媒体的版权，从技术上防止数字媒体的非法复制，或者在一定程度上让数字内容复制变得非常困难，阅读和观看用户必须得到授权后才能使用数字媒体。

数字版权管理一般具有以下六大功能：①数字媒体加密，打包加密原始数字媒体，以便于进行安全可靠的网络传输。②阻止非法内容注册，防止非法数字媒体获得合法注册从而进入网络流通领域。③用户环境检测，检测用户主机硬件信息等行为环境，从而进行用户合法性认证。④用户行为监控，对用户的操作行为进行实时跟踪监控，防止非法操作。⑤认证机制，对合法用户进行鉴别并授权对数字媒体的行为权限。⑥付费机制和存储管理，包括数字媒体本身及打包文件、元数据（密钥、许可证）和其他数据信息（例如数字水印和指纹信息）的存储管理。

数字版权管理的核心技术是数据加密和防拷贝。一个数字版权管理系统首先需要建立数字媒体授权中心（Rights Issuer，RI），编码已压缩的数字媒体，然后利用密钥对内容进行加密保护，加密的数字媒体头部存放着 KeyID 和节目授权中心的统一资源定位符（Uniform Resource Locator，URL）地址。使用时用户根据节目头部的 KeyID 和 URL 信息向数字媒体授权中心请求验证授权，通过认证后授权中心向用户发送密钥，用户利用该密钥解密后方可使用数字媒体。需要保护的数字媒体是被加密的，因此即使数字媒体被用户下载保存并散播给他人，没有得到数字媒体授权中心的验证授权也无法使用，从而保护了数字媒体的版权。

数字版权管理技术可为数字媒体的版权提供足够的安全保障，但它要求将用户的解密密钥同本地计算机硬件相结合，这使得用户只能在特定设备上才能使用所订购的服务。

4.2.3 使用数字版权保护信息

目前，在版权保护方面国内外使用较为广泛的是数字对象标识符（Digital Object Identifier，DOI）系统，它是由非营利性组织国际 DOI 基金会（International DOI Foundation，IDF）研究设计的，在数字环境下标识知识产权对象的一种开放性系统。在 DOI 系统中，出版商将数字作品的 DOI 命名、元数据及 URL 信息提交至 DOI 注册机构进行审核，审核通过的数字作品将存入元数据库和 DOI 目录库，完成 DOI 注册。个人用户在网络上检索数字作品时，点击 DOI 链接，通过 DOI 注册机构的解析服务得到数字作品的 URL，登录到数字作品拥有者的服务器、版权在线购买服务器或其他版权解决机制的服务器，从而实现数字作品的版权保护。

DOI 系统已经发展得比较成熟，但是采用 DOI 标准，就要加入到它的解析系统之中，这不仅要将数字作品基本数据提交给外方，每年还要缴纳巨额费用，形成国内作品信息集中于外方手中的局面，影响国家文化安全。更重要的是，这种参与和加入 DOI 系统的方式不能有效解决我国网络环境下数字版权权属问题，更难以达到保护的目的。为此，我国版权保护中心在对国际国内互联网版权保护模式研究与探索的基础上，结合我国国情，提出数字版权唯一标识符（Digital Copyright Identifier，DCI）体系，以有效应对互联网版权保护面临的挑战。DCI 体系主要由三个基础平台构成，分别是数字版权登记平台、数字版权费用结算平台和数字版权检测取证平台。通过登记、结算、检测平台并结合 DCI 相关技术，提供我国数字版权公共服务的新模式。DCI 体系现在正处于研究与建设之中。

DCI 体系的核心内容是 DCI 码，它是数字作品权属的唯一标识，可以分配给任何形式的数字作品（包括软件、音频、视频、文本等）。数字作品在登记机构进行登记，登记成功后由专门机构来分配 DCI 码。通过 DCI 码对数字作品版权信息进行标识，可以逐步建立一个国家级的、统一的数字作品版权元数据库，从而使社会各相关方容易检索到数字作品的权利人和权属状态。当权利人的利益受到侵害或者发生版权纠纷时，能够通过对版权元数据库的查询确定数字作品的权属。通过 DCI 码对数字作品权利人和权属状态进行标识的方式，能够有效解决我国网络环境下数字作品版权权属的问题，达到数字作品版权保护的目的。

4.3　隐 私 保 护

4.3.1　隐私信息的定义及价值

信息泛指人类社会传播的一切内容。人通过获得、识别自然界和社会的不同信息来区别不同事物，得以认识和改造世界。在一切通信和控制系统中，信息是一种普遍联系的形式。科学家香农在题为《通信的数学理论》的论文中指出："信息是用来消除随机不定性的东西。"

而隐私信息是一种与公共利益、群体利益无关，当事人不愿他人知道或他人不便知道的个人信息。从法理意义上讲，隐私信息应当定义为：已经发生了的正当且符合道德规范但不能或不愿示人的事、物或情感活动等信息。隐私权是指自然人享有的私人生活安宁与私人信息秘密依法受到保护，不被他人非法侵扰、知悉、收集、利用和公开的一种人格权。并且权利主体对他人在何种程度上可以介入自己的私生活，对自己的隐私是否向他人公开以及公开的人群范围和程度等具有决定权。隐私权是一种基本人格权利。

任何信息，特别是隐私信息都具有价值。马克思主义的价值观认为价值是客体满足主体需要的一种属性，而价值量的大小则是客体满足主体需要的程度。因而，信息的价值在于它具有满足用户信息需求的属性。同时，马克思主义政治经济学中阐述了商品具有使用价值和价值这两重属性，商品的价值量是由社会必要劳动时间决定的。信息一旦用于交换，便成为商品，这使信息具备了与其他商品形态一样的价值属性，即信息具有了使用价值和价值。

综上所述，信息的价值是凝结在信息服务组织或个人信息服务过程中的一般（抽象）劳动，体现的是信息生产者与信息用户之间的一种经济利益关系。信息的使用价值则在于信息的有用性：信息本身包含用户所需的大量知识、应用技术等为用户所需的竞争性、前瞻性情报，因而具备有用性。对于隐私信息来说，其包含的情报等比普通信息更多，因此具有更重要的价值。

4.3.2　隐私信息的泄露途径及方式

（1）个人隐私信息泄露

互联网时代，各种新技术、新应用层出不穷，为人们生活提供了极大便利，也给网络犯罪提供了更多机会。我国上网用户人数年年增长，其中用户遇到的最大问题就是个人信息泄露，据统计，超过四分之三的网民个人身份信息都被泄露过，包括姓名、住址、身份证号、工作单位、电话等。信息泄露给个人生活带来巨大危害，严重影响家庭财产安全。

其中，信息泄露的方式多种多样，对于个人来说，隐私泄露的途径包括通过微博、微信等社交网络信息发布泄露，网站注册时信息泄露等多种方式。微博是一种受到广大网友关注和欢迎的信息交流形式，其社交化特点和字符限制，使发布内容大多局限在与自身密切相关的信息，如日常生活、朋友聚会、情绪心情，以及家庭情况、行程定位、自拍图片等。这些个人隐私信息的大量公开，不仅将个人形象立体地呈现给别人，同时也将私人活动和私人领域暴露在了网络上。相比微博，微信的朋友圈具有更好的私密性，但正是因为这一特性，用户可能会将自己更加隐私的信息发布到朋友圈当中，若这些信息被攻击者看到，可能会造成严重后果。

另外，人们在网上填写的注册信息往往也包含个人隐私信息，如姓名、电话、地址等信息。有些不良网站会收集人们的个人信息进行贩卖，从而导致隐私信息大量泄露。除了上述网络中的信息泄露方式，在人们的日常生活中还存在多种信息泄露的可能，下面列举几种常见的泄露途径。

各类单据信息泄露：日常生活中，人们的快递单、车票以及购物小票等票据上都存有大量个人隐私信息，若随意丢弃很可能被不法分子利用；身份证复印件泄露：银行、电信运营商营业厅、各类考试报名等，很多地方都需要留存身份证复印件，甚至一些打字店、复印店将暂存在复印店的客户信息资料存档留底；网络调查：上网时经常会碰到各种填写调查问卷、玩测试小游戏、购物抽奖，或申请免费邮寄资料、申请会员卡等活动，会要求填写详细联系方式和家庭住址等个人信息；公共 Wi-Fi：平常人们在上网时，总喜欢连接免费的公共 Wi-Fi 来节省流量，然而，这些公共 Wi-Fi 可能并不安全，黑客可能利用相关技术手段获取连接到 Wi-Fi 的手机上网信息。此外，生活中还有许多细节都可能造成隐私信息的泄露。

（2）企业隐私信息泄露

对于企业来说，信息泄露途径主要有信息公示过于细致、缺乏敏感信息标记两种方式。在企业网站上，经常会有各式各样的公示信息，过于详细的公示信息会造成企业及其员工的隐私信息泄露。

此外，企业隐私信息泄露的原因还可能是缺乏敏感信息标记及定义。为此在管理信息时，若内容中包含敏感信息，则必须对敏感信息进行适当标记（或加上标签）并加以保护。敏感性和机密性分不同的"程度"，每个程度基于信息在非授权披露时可能造成的损害来决定。程度范围包括从微小到严重（包括丧失生命）。潜在危害的程度越高，就越需要采取更多的措施来保护信息。通常用五种敏感性标记来标示不同的敏感类型：商业机密、只可查阅、政府/外部资源、私人、重要。所有的工作人员都有责任遵守要求为敏感性信息加上标记，并加以保护。

4.3.3　隐私信息保护策略

（1）我国对隐私保护要求

我国作为民事立法之基石的宪法对隐私权相关保护之规定有两条。《中华人民共和国宪法》第三十九条规定："中华人民共和国公民的住宅不受侵犯。禁止非法搜查或者非法侵入公民的住宅。"这一条款规定是对隐私权的直接确认与保护，明确禁止了非法搜查或者非法侵入公民的住宅。第四十条规定："中华人民共和国公民的通信自由和通信秘密受法律的保护，除因国家安全或者追究刑事犯罪的需要，由公安机关或者检察机关依照法律规定的程序对通信进行检查外，任何组织或者个人不得以任何理由侵犯公民的通信自由和通信秘密。"该条款保护了公民通信的自由与私密性。

《最高人民法院关于贯彻执行〈中华人民共和国民法通则〉若干问题的意见》第一条规定："以书面、口头等形式宣扬他人的隐私，或者捏造事实公然丑化他人人格，以及用侮辱、诽谤等方式损害他人名誉，造成一定影响的，应当认定为侵害公民名誉行为。"《最高人民法院关于审理名誉权案件若干问题的解答》中再次强调指出"对未经他人同意，擅自公布他人的隐私材料或以书面、口头形式宣扬他人隐私，致人名誉受到损害的，应按照侵害他人名誉权处理""文中有披露隐私的内容，致使名誉受到损害的，应认定为侵害他人名誉权。"

（2）个人的隐私信息保护措施

在生活中，应该加强个人隐私保护意识，重要证件（身份证、军官证）等不随身携带，银行卡、U盾等应及时升级和更新，在ATM机取款时要观察周边环境、遮挡用户密码、不相信周边围贴的通知等。手机要安装杀毒软件并及时更新，定期扫描，不安装来历不明的应用程序，不轻易点击不明链接，网上交易时使用第三方支付平台。计算机用户也必须安装杀毒软件并及时更新，不使用盗版软件，不访问不正规网站，不在公共机房、网吧使用个人信息，公共电脑使用完毕要用安全软件及时清理上网记录和痕迹。

（3）企业的隐私信息保护措施

①技术措施。当前，隐私信息泄露防御主要分为两大类：一类是主动防护，采用数据加密、信息拦截过滤技术对数据本身进行防护；另一类是

被动防护，采用访问控制和输出控制技术对访问数据的用户操作行为进行防护。

主动防护根据所采用的技术又可以分为两种：信息拦截过滤和数据加密。

信息拦截过滤部署在网络出口和主机上，对进出网络主机的数据进行过滤，发现数据被违规转移时，进行拦截和警报。然而，信息拦截在防止数据泄露的过程中无法进行细粒度的权限验证，这一问题越来越突出——只要数据接收者符合输出规定就允许数据流出，却不能确定具体的接收者是否拥有数据接收的授权，因此必须结合其他的信息防泄露技术加以补充和完善。

数据加密技术采用密码技术首先对数据进行加密，然后通过密钥管理和密钥的分发实现对数据解密的授权，只有被授权的人才能解密和使用数据。但是，数据加密是依托密码技术对数据进行保护的，对数据在明文使用时产生的数据泄露无法进行保护；同时，随着计算能力的不断提高，密码破解的代价越来越低，而且，针对密钥的攻击也是破解密码的有效途径，因此不可能完全依靠加密来防止信息泄露。

被动防护是指采用访问控制和输出控制技术，对访问数据的用户操作行为进行限制和防护，大部分被动防护系统都是从身份认证、权限管理、输出控制这几个方面着手的。基于目前的应用结构，被动防护面临着很大的挑战——大部分的输出控制和访问控制都是基于操作系统之上进行的防护，从理论上讲都可以被拆卸、篡改或绕过。因此需要综合利用各类防护技术的优点，结合主动防护与被动防护，更好地保护隐私信息的安全性。

②管理措施。加强信息安全防护不是纸上谈兵，也不是仅仅通过技术措施就能做好的工作。除了技术措施外，还应该集中社会力量和各方面资源，统筹规划并出台系统性、阶段性和可操作性的具体工作方案，及时把握国内外安全行业形势和重大数据事件带动的推进机遇，瞄准目标行业领域提出并落实相关安全工作，并加以事后监督，才能有效强化企业的数据

安全保障能力。

关于隐私信息泄露控制的管理措施大致有以下几种：

第一，加强网络安全防范意识。许多企业缺乏互联网安全意识，缺乏对系统访问权限与密钥的有效管理。这样的系统一旦受到攻击将十分脆弱，其中的机密数据得不到应有的保护。因此公司或安全管理小组应定期承办信息安全讲座，只有加强网络安全防范意识，才能有效地减少信息安全事故的发生。

第二，建立电子商务安全管理组织体系。一个完整的信息安全管理体系首先应建立完善的组织体系。即建立由行政领导、技术主管、信息安全主管、本系统用户代表和安全顾问组成的安全决策机构。其职责是建立管理框架，组织审批安全策略，制定安全管理制度，指派安全角色，分配安全职责，并检查安全职责是否已被正确履行，核准新信息处理设施的启用，组织安全管理专题会等。还应建立由网络管理员、系统管理员、安全管理员、用户管理员等组成的安全执行机构。

第三，制定符合机构安全需求的信息安全策略。安全执行机构应根据本信息网络的实际情况制定相应的信息安全策略，策略中应明确安全的定义、目标、范围和管理责任，并制定安全策略的实施细则，信息安全策略文档要由安全决策机构审查、批准，并发布和传达给所有的人，还应由安全决策机构定期进行信息安全策略有效性审查和评估。在发生重大的安全事故、发现新的脆弱性、组织体系或技术上发生变更时，应重新进行信息安全策略的审查和评估。

第四，人员安全的管理和培训。参与网上交易的经营管理人员在很大程度上支配着企业的命运，他们面临着防范严重的网络犯罪的任务。而计算机网络犯罪同一般犯罪不同的是，它们具有智能性、隐蔽性、连续性、高效性的特点，因而，加强对有关人员的管理变得十分重要。

（4）大数据中的隐私泄露控制

通常在大数据平台中，数据以结构化的格式存储，每个表由诸多行组成，每行数据由诸多列组成。根据列的数据属性，数据列通常可以分为以下几种类型。

第一，可确切定位某个人的列，称为可识别列，如身份证号、地址以及姓名等。

第二，单列并不能定位个人，但是多列信息可用来潜在地识别某个人，这些列被称为半识别列，如邮编号、生日及性别等。

第三，包含用户敏感信息的列，如交易数额、疾病以及收入等。

第四，其他不包含用户敏感信息的列。

避免隐私数据泄露是指避免使用数据的人员（数据分析师、BI 工程师等）将某行数据识别为某个人的信息。为此需要利用数字脱敏技术对敏感信息进行脱敏。数据脱敏（Data Masking），又称数据漂白、数据去隐私化或数据变形。数据脱敏技术通过对数据进行脱敏，如移除识别列、转换半识别列等方式，使得数据使用人员在保证可对半识别列、敏感信息列以及其他列进行数据分析的基础上，在一定程度上保证其无法根据数据反识别用户，达到保证数据安全与最大化挖掘数据价值的平衡。

脱敏规则一般分为可恢复与不可恢复两类。可恢复类，指脱敏后的数据可以通过一定的方式，恢复成原来的敏感数据，此类脱敏规则主要指各类加解密算法规则。不可恢复类，指脱敏后的数据被脱敏的部分使用任何方式都不能恢复。一般可分为替换算法和生成算法两大类。替换算法即将需要脱敏的部分使用定义好的字符或字符串替换；生成算法则较为复杂，要求脱敏后的数据符合逻辑规则，即"看起来很真实的假数据"。

在数据脱敏领域中，常用模型有 K-Anonymity、L-Diversity 和 T-Closeness 等，它们均依赖对半标识列进行数据变形处理，使得攻击者无法直接进行属性泄露攻击。在此基础上，常见的数据变形处理方式有以下几种：Hiding，将数据替换成一个常量，常用作不需要该敏感字段时；Hashing，将数据映射为一个 hash 值，常用作将不定长数据映射成定长的 hash 值；Shift，为数量值增加一个固定的偏移量，隐藏数值部分特征；Mask，保持数据长度不变，但只保留部分数据信息；Truncation，将数据尾部截断，只保留前半部分。

4.4　网　络　舆　情

4.4.1　网络舆情的概念

随着互联网的快速发展，网络媒体作为一种新的信息传播形式，已深入人们的日常生活。以互联网为基础的 QQ、微信、微博等即时通信软件，为人们发表观点提供了一个公共的平台，网络日益成为大众反映民意、诉说民情的新途径。网友言论活跃已达到前所未有的程度，不论是国内还是国际重大事件，都能马上形成网上舆论，通过网络来表达观点、传播思想，进而产生巨大的舆论压力，达到任何部门、机构都无法忽视的地步。可以说，互联网已成为思想文化信息的集散地和社会舆论的放大器。

网络舆情是随着技术的发展而形成和发展起来的，是大众以网络作为媒介所发表的各种观点的集合，是在一定的社会空间内，网民通过网络围绕某一社会现象或事件的发生和发展及变化，对人们关心的若干社会现象所产生和持有的自我意识表示、态度和价值观。它归属于社会舆情的大范畴之中，是对特定事件的发生情况进行有效的判断之后，通过与网民的互动实现自发的分类筛选，最终形成对该问题属性各种倾向性判断的集合。

在网民相互交流的过程中，各自的观点、意见与态度交相辉映，人们根据自身头脑中长期形成的思维意识、价值观、知识结构及道德观念等对收到的信息进行进一步的分类、筛选和组织，当某个特定的问题引起大家的广泛关注甚至是共鸣的时候，网络传播的迅捷性和放大效应便会吸引更多的群体参与跟帖、交流以及讨论。随着意见和讨论的深入与扩展，人们的关注点便会深入到某一个焦点，从而形成具有一定规模且较为明确的网络舆情。

4.4.2 网络舆情管理

对于网络舆情的管理大致有以下三个措施。

（1）确立政府主导地位，发挥媒体监督功能

网络空间文化冲突的必然性要求网络舆情管理必须以政府主导，构建和谐网络。政府主导将会以社会主义先进文化为代表，以其权威性有效拨正网络文化发展的不良倾向，使互联网真正成为传播社会主义先进文化的新途径、公共文化服务的新平台、人们健康精神文化生活的新空间。

（2）夯实网络舆情理论研究，积极开发网络舆情监测软件

网络舆情理论研究是网络舆情管理的基础，只有深入开展网络舆情理论的研究，才能为网络舆情管理奠定坚实的基础，才能有效保证网络舆情的监控，才能摸清网络文化发展的现状，才能明确网络文化发展的问题，才能促进网络文化朝社会主义先进文化方向发展。

（3）把握网络舆情管理的原则，建立和完善网络舆情管理机制

针对目前网络舆情管理的现状，网络舆情管理的原则应该从三个方面加以把握。一是坚持以法管网，只有以法管网、依法治网，才能保证网络经济的健康发展，才能有效保障人民的财产免遭网络侵害，才能有效打击、遏制网络犯罪。二是要坚持以网管网，网络是平等自由的，但不是没有限制的自由，网民通过网络畅所欲言、自由发表言论是网络本质的体现，但当这种自由带着特定的目的、危害国家网络文化安全、突破社会主义道德底线时，就要受到谴责、警告甚至处罚。建立权威舆情网站，就是要反对文化垃圾，保证国家网络文化的安全，反对"网络恶搞""网络暴力"等不良网络行为，提倡和谐网络文化，宣传网络文明，维护中华民族传统美德的承传。三是坚持行业自律、道德自律，坚持以人为本，大力

宣扬社会主义先进文化，大力宣传互联网络荣辱观，从自我做起，文明上网，绿色上网。

4.4.3 网络舆情监控技术

"网络舆情监测系统"是针对在一定的社会空间内，围绕中介性社会事件的发生、发展和变化，民众对社会管理者产生和持有的社会政治态度于网络上表达出来意愿集合而进行的计算机监测的系统统称。

网络舆情监控系统能够利用搜索引擎技术和网络信息挖掘技术，通过网页内容的自动采集处理、敏感词过滤、智能聚类分类、主题检测、专题聚焦、统计分析，实现各单位对自己相关网络舆情监督管理的需要，最终形成舆情简报、舆情专报、分析报告、移动快报，为决策层全面掌握舆情动态，做出正确舆论引导，提供分析依据。

网络舆情监控系统架构一般包括三个层面。

第一，采集层，这层包含了要素采集、关键词抽取、全文索引、自动去重和区分存储及数据库，可以对微博、论坛、博客、贴吧、新闻及评论、搜索引擎、图像和视频等数据信息进行采集。

第二，分析层，该层可以对采集的数据信息实行自动分类、自动聚类、自动摘要、名称识别、正负性质预判和中文分词操作，保证分析的全面性。

第三，呈现层，系统对采集分析的数据可以通过负面舆情、分类舆情、最新舆情、专题跟踪、舆情简报、分类评、图表统计和短信通知等形式推送给用户。

网络舆情监控系统对热点问题和重点领域比较集中的网站信息，如网页、论坛、BBS 等，进行 24 小时监控，随时下载最新的消息和意见。下载后完成对数据格式的转换及元数据的标引，对下载本地的信息进行初步的过滤和预处理。对热点问题和重要领域实施监控，前提是必须用通过人机交互建立舆情监控的知识库来指导智能分析的过程。对热点问题的智能分析，首先在传统基于向量空间的特征分析技术上，对抓取的内容进行分类、聚类和摘要分析，对信息完成初步的再组织。然后在监控知识库的指导下进行基于舆情的语义分析，使管理者看到的民情民意更有效、更符合现实。最后将监控的结果分别推送到不同的职能部门，供制定对策使用。

第五章
灾备技术

5.1 灾 备 概 述

5.1.1 灾备概念

灾难是指由于人为或自然的原因，造成信息系统运行严重故障或瘫痪，使信息系统支持的业务功能停顿或服务水平不可接受、达到特定的时间的突发性事件。造成灾难的原因有很多，最常见的有自然灾难、人为灾难及技术灾难。

自然灾难包括火灾、洪水、地震、飓风、龙卷风、台风等。自然灾难所产生的直接后果就是本地数据信息难以获取或保全，本地系统难以在短时间内恢复或重建，灾难对信息系统的影响和范围难以控制。人为灾难发生概率大，且表现形式多种多样，可直接造成重要数据信息的丢失或泄露、系统服务性能降低乃至丧失、软件系统崩溃或者硬件设备损坏。技术灾难包括设备故障（硬件损坏、电力中断等）、设计故障（软/硬件设计故障等）。技术灾难会造成信息、数据的损害或丢失。

由于各种灾难或突发事件而造成的业务服务中断，以及不能及时恢复系统导致企业停止运行或丢失数据，会对企业的服务质量、声誉造成严重影响。灾难恢复问题成为人们关注的焦点，为了进行灾难恢复而利用技术、管理手段以及相关资源确保关键数据、关键数据处理系统和关键业务在灾难发生后可以恢复的过程就是灾难备份。

灾难备份简称灾备，是指为了保证关键业务和应用在经历各种灾难后，仍然能够最大限度地提供正常服务所进行的一系列系统计划及建设行为，其目的就是确保关键业务持续运行以及减少非计划宕机时间。灾难备份是灾难恢复的基础，是围绕着灾难恢复所进行的各类备份工作。灾难恢复不仅包含灾难备份，更注重的是业务的恢复。

灾备可以大幅提高计算机系统抵御突发性灾难的能力，有效地保护重要数据，使重要业务数据可以在设定的时间内恢复，从而实现业务的连续运行，进而增强客户及潜在客户的信心，让企业在信息行业的竞争中取得优势。

5.1.2　灾备策略

（1）备份策略

备份策略是一系列的规则，包括数据备份的数据类型、数据备份的周期以及数据备份的存储方式。

备份策略目的是在设备发生故障或发生其他威胁数据安全的灾害时保护数据，将数据遭受破坏的程度降到最低。有效的备份策略应当可以区分很少变化的数据和经常变化的数据，并且对后者的备份要比对前者的备份更频繁。

目前被采用最多的备份策略主要有以下三种：

①完全备份。完全备份执行数据全部备份操作，每天都对系统进行完全备份。完全备份可以在灾难发生后迅速恢复丢失的数据，但对整个系统进行完全备份会造成大量数据冗余，且由于需要备份的数据量较大，备份所需的时间也就较长。

②增量备份。增量备份只备份上一次备份后数据的改变量，故而大大减少备份空间，缩短备份时间。但当发生灾难时，增量备份恢复数据比较麻烦，也降低了备份的可靠性。在这种备份方式下，各盘磁带间的关系环环相连，其中任何一盘磁带出了问题都会导致整个备份链条

脱节。

③差量备份。差量备份就是每次备份的数据是相对于上一次全备份之后新增加的和修改过的数据。差量备份策略在避免以上两种策略缺陷的同时，又具有它们所有的优点。首先，差量备份无须每天都做系统完全备份，因此备份所需时间短，并且节省磁带空间。其次，差量备份的灾难恢复很方便，系统管理员只需两盘磁带，即系统全备份的磁带与发生灾难前一天的备份磁带，就可以将系统完全恢复。

（2）恢复策略

恢复策略可以帮助企业进行灾难恢复，取回原先备份的文件。恢复策略包括三个方面的内容：灾难预防制度、灾难演习制度和灾难恢复制度。

①灾难预防制度。灾难应对方案一般要从应用系统和恢复站点两个方面来考虑。根据应用系统的数据就绪级别和恢复站点级别的不同，灾难恢复策略被划分为不同的级别。有的灾难恢复系统不考虑数据恢复的时效问题，只要求在灾难发生后，仍然能够恢复就可以了。有的灾难恢复系统则通过很高的数据一致性来实现即时自动恢复。

②灾难演习制度。为了保证灾难恢复的可靠性，还要定期进行灾难恢复演习。这既有助于熟悉灾难恢复的操作过程，又可以检验所生成的灾难恢复软盘和备份是否可靠。

③灾难恢复制度。准备好最近一次的灾难恢复软盘和磁带，根据系统提示进行灾难恢复，就可将系统恢复到进行恢复备份时的状态。

5.1.3 容灾技术

根据对灾难的抵抗程度，容灾技术可分为数据容灾、系统容灾和应用容灾。其中，数据容灾是前提，只有保证数据能及时、完整地复制到灾备中心，才能在灾难发生时及时恢复受灾业务；系统容灾是实现灾难恢复的基础，要求信息系统本身具有容灾抗毁能力；应用容灾是实现信息系统保持业务连续性、不间断服务的关键。

（1）数据容灾

数据容灾技术是建立一个异地的容灾中心，该中心是本地关键应用数据的一个可用复制，数据同步或异步复制到此中心。在本地数据及整个应用系统出现灾难时，系统至少在异地保存有一份可用的关键业务的数据。该数据可以是与本地生产数据的完全实时复制，也可以比本地数据略微落后，但一定是可用的。

数据容灾包括数据的备份和恢复。数据备份是最基本的数据保护方法，是企业信息保护体系结构的核心，可以帮助企业进行灾难恢复。数据备份与恢复技术以备份为基础，保障数据的安全性、可靠性和可用性。

数据备份的方式有以下四种：

①传统的磁带备份。传统的磁带备份是以人工的方式将数据从硬盘拷贝到磁带上，并将磁带传送到安全的地方。这种方式成本低且易于实现，但存在很大的安全风险，恢复的时间长。

②磁带库备份。磁带库备份是通过网络将数据从磁盘拷贝到磁带库系统中。这种方式的恢复时间较短，服务可标准化，可以大大降低人工方式所带来的安全风险，缺点是在恢复过程中引入了网络延迟，依赖于磁带提供商，存储的数据比较难恢复。

③磁盘阵列。磁盘阵列是指将多个类型、容量、接口甚至品牌一致的专用硬磁盘或普通硬磁盘连成一个阵列，使其能以某种快速、准确和安全的方式来读写磁盘数据，从而达到提高数据读取速度和安全性的一种手段。磁盘阵列读写方式的基本要求是，在尽可能提高磁盘数据读写速度的前提下，必须确保在一张或多张磁盘失效时，阵列能够有效地防止数据丢失。

④磁盘镜像。磁盘镜像是通过广域网将写入生产系统磁盘或者磁盘阵

列的数据同时写到异地的备份磁盘或者磁盘阵列中。磁盘镜像，尤其是远程磁盘镜像深受欢迎，主要是由于磁盘镜像具有很短的数据恢复时间，保证业务系统的连续可用，但磁盘镜像的做法在硬件的投资上较大，对两点间的网络带宽有较高的要求。

（2）系统容灾

系统容灾技术可保护业务数据、系统数据，保证网络通信系统的可用性，避免计划外停机。系统容灾技术包括冗余技术、集群技术、网络恢复技术等。其中，冗余技术主要对磁盘系统（RAID）、电源系统和网络进行备份，在系统的主部件发生故障时冗余部件能代替主部件继续工作，避免系统停机。集群技术可以利用分散的主机保证操作系统的高可用性。网络恢复技术可以在交换机网络层实现动态网络路由重选，在不中断用户操作的情况下转入灾备中心。

（3）应用容灾

应用容灾技术在数据容灾技术的基础上，异地建立一套完整的与本地生产系统相当的备份应用系统（可以是互为备份）。完整的应用容灾，既要包含本地系统的安全机制、远程的数据复制机制，还应具有广域网范围的远程故障切换能力和故障诊断能力。一旦故障发生，系统要有强大的故障诊断和切换策略制定机制，确保快速的反应和迅速的业务接管，从而保护整个业务流程。建立这样一个系统是比较复杂的，不仅需要一份可用的数据复制，还要有包括网络、主机、应用甚至 IP 等资源，以及各资源之间的良好协调。

应用容灾的实现技术要求高，通过负载均衡、应用集中和隔离、自动化监控等手段实现业务应用的连续性和高可用性。其中，使用负载均衡技术不但可以保证业务负载分发，还能实现故障的隔离与计划内停机维护；应用的集中和隔离可以方便用户对 IT 系统进行管理，减少出现故障的可能性，同时，在部分应用发生故障时，可通过应用隔离减少故障带来的影响；自动化监控手段可以有效减少人工错误操作带来的故障，同时也能及时有效地发现故障。

5.1.4　灾备指标

由于信息系统灾难已经涉及信息系统运行的诸多方面，因此，容灾抗毁能力已经成为衡量信息系统安全性和可靠性的重要指标，包括 4 个具体指标。

①恢复点目标（Recovery Point Objective，RPO）。指出现灾难之时到可以让业务继续运作的时间。如果 RPO=0，相当于没有任何数据丢失；否则，就需要进行业务恢复处理，修复数据丢失。

②恢复时间目标（Recovery Time Objective，RTO）。指从 IT 系统宕机导致业务停顿之刻开始，到 IT 系统恢复至可以支持各部门运作，业务恢复运营的时间。在这个时间范围内，生产中心必须恢复生产，否则会造成无法容忍的损失。

③降级操作目标（Degraded Operations Objective，DOO）。指宕机恢复以后到第二次故障的灾难以后的时间。

④网络恢复目标（Network Recovery Objective，NRO）。指用户在灾难后可以连接到灾备中心的时间。

RPO 针对的是数据的一致性，代表了当灾难发生时允许丢失的数据量；而 RTO 针对的是服务的连续性，代表了系统故障后恢复生产的时间。RPO 与 RTO 越小，系统的容灾抗毁能力就越高，需要的投资成本也越大。

在重要的行业当中，灾难备份中心必须和生产中心数据严格保持一致，RTO、RPO 都必须足够小——能满足该领域容灾的技术指标，这需要较高的代价和成本。在实际的容灾备份系统的建设中，必须根据实际业务系统的使用情况，综合考虑网络条件、投资规模、业务系统长远发展规划等各种因素，平衡 RPO、RTO 指标和成本投入的关系，才能制定合理的、可行的容灾系统设计指标。

5.2 容 灾 规 划

5.2.1 容灾规划概述

容灾规划是根据企业本身的业务特征、技术能力、财力、信息技术环境和对信息技术的依赖程度，制定一套应对信息系统面临灾难打击的措施，其目的是为了降低灾难对业务信息系统的关键业务流程造成的影响。

容灾规划包含了一系列灾难发生前、过程中和灾难发生后所采取的动作，包括以下一系列应急计划。

（1）业务持续计划（Business Continuity Plan，BCP）

业务持续计划（BCP）是为了防止正常业务行为的中断而被建立的计划。当面对由于自然或人为造成的故障或灾难以及由此造成的财产损失和正常业务不能正常使用时，BCP 主要被设计用来保护关键业务步骤。BCP 的目标是最小化业务中断事件对公司造成的影响，降低财产损失风险和增强公司对于意外事件造成的业务中断的恢复能力。

（2）业务恢复计划（Business Recovery Plan，BRP）

业务恢复计划（BRP）也叫业务继续计划，涉及紧急事件后对业务处理的恢复。但与 BCP 不同，它在整个紧急事件或中断过程中缺乏确保关键业务处理的连续性规程。BRP 的制订应该与灾难恢复计划及 BCP 进行协调。BRP 应该附加在 BCP 之后。

（3）运行连续性计划（Continuity of Operations Plan，COOP）

运行连续性计划（COOP）关注位于机构（通常是总部单位）备用站点的关键功能以及这些功能在恢复到正常操作状态之前最多 30 天的运行。

（4）事件响应计划（Incident Response Plan，IRP）

事件响应计划（IRP）建立了处理针对机构的 IT 系统攻击的规程。这些规程用来协助安全人员对有害的计算机事件进行识别、消减并进行恢复。

（5）场所紧急计划（Occupant Emergency Plan，OEP）

场所紧急计划（OEP）是在可能对人员的安全健康、环境或财产构成威胁的事件发生时为设施中的人员提供的反应规程。

（6）危机通信计划（Crisis Communication Plan，CCP）

机构应该在发生灾难之前做好其内部和外部通信规程的准备工作。危机通信计划（CCP）通常由负责公共联络的机构制订。危机通信计划规程应该和所有其他计划协调，以确保只有受到批准的内容公之于众。它应该作为附录包含在 BCP 中。

（7）灾难恢复计划（Disaster Recovery Plan，DRP）

灾难恢复计划（DRP）是一个全面的状态，它包括在事前、事中和灾难对信息系统资源造成重大损失后所采取的行动。灾难恢复计划是对于紧急事件的应对过程。在中断的情况下提供后备的操作，在事后处理恢复和抢救工作。DRP 应用于重大的、通常是灾难性的、造成长时间无法对正常设施进行访问的事件。DRP 能够在另外的站点提供关键步骤，并且在一个时间段内恢复主站的正常运行，通过迅速的恢复步骤来将企业的损失降到最低。

灾备规划的目的是，确保关键业务持续运行以及减少非计划宕机时间。所有与灾备方案相关的计划都试图在灾备方案本身、宕机时间和实施灾备方案所需成本三者之间找到一个平衡点。

5.2.2　容灾方案级别

容灾方案可供选择的范围很大，但所有的容灾方案都必须考虑的因素包括恢复时间、实施与维护容灾策略所需的投入等。容灾方案的制定分为三个层次：第一层次为国际标准，以 SHARE78 最具有代表性；第二层次为国家标准，如国务院信息化办公室颁布的《信息系统灾难恢复规范》（GB/T 20988—2007）；第三层次就是行业的法规。

国际标准 SHARE78 将灾难恢复分成 7 个层次。从存储结构讨论，

SHARE78 涵盖了本地磁盘备份、异地存储备份、实时切换的异地备份系统。从恢复时间讨论，SHARE78 涵盖了几天、几小时、几分钟、几秒，即零数据丢失。IBM 白皮书根据这 7 个层次定义了以下 8 个级别的容灾方案。

（1）0 层：无异地备份数据（No off-site Data）

对于使用 0 层容灾方案的业务，可称其为没有灾难恢复计划（见图 5—1），主要表现为：

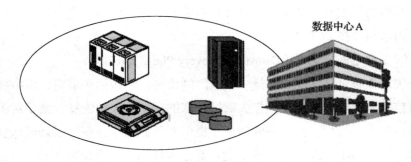

图 5—1　无异地备份数据

①数据仅在本地进行备份恢复，没有任何数据信息和资料被送往异地，没有处理意外事故的计划。

②恢复时间：在此种情况下，恢复时间不可预测。事实上也不可能恢复。

（2）1 层：有数据备份，无备用系统（Data Backup with No Hot Site）

使用 1 层容灾方案的业务，通常将需要的数据备份到磁带上，然后将这些介质运送到其他较为安全的地方（见图 5—2）。但在那里缺乏能恢复数据的系统，若数据备份的频率很高，则在恢复时丢失的数据就会少些。此类业务应能忍受几天乃至几星期的数据丢失。

（3）2 层：有数据备份，有备用系统（Data Backup with Hot Site）

使用 2 层容灾方案的业务会定期将数据备份到磁带上，并将其运到安全的地点。在备份中心有备用的系统，当灾难发生时，可以使用这些数据备份磁带来恢复系统（见图 5—3）。虽然还需要数小时或几天的时间来恢复数据以使业务可用，但不可预测的恢复时间减少了。

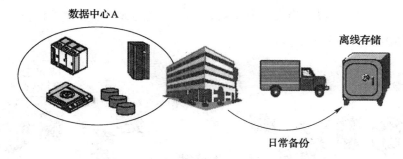

图 5—2　有数据备份，无备用系统

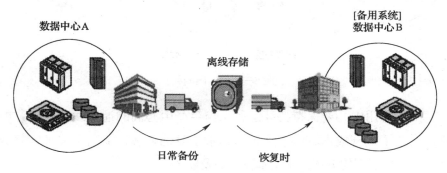

图 5—3　有数据备份，有备用系统

2 层相当于在 1 层上增加了备份中心的灾难恢复。备份中心拥有足够的硬件和网络设备来维持关键应用的安装需求，这样的应用是十分关键的，它必须在灾难发生的同时，在异地有正运行着的硬件提供支持。这种灾难恢复的方式依赖于追踪与绘制（Parallel Tracking and Mapping, PTAM）方法将日常数据放入仓库，当灾难发生的时候，再将数据恢复到备份中心的系统上。虽然备份中心的系统增加了成本，但明显降低了灾难恢复时间，系统可在几天内得以恢复。

（4）3 层：电子链接（Electronic Vaulting）

使用 3 层容灾方案的业务，是在 2 层解决方案的基础上，又使用了对关键数据的电子链接技术。电子链接记录磁带备份后更改的数据，并传到备用中心，使用此种方法会比使用传统的磁带备份更快地得到更新的数据

（见图 5—4）。所以，当灾难发生后，只有少量的数据需要重新恢复，恢复时间会缩短。

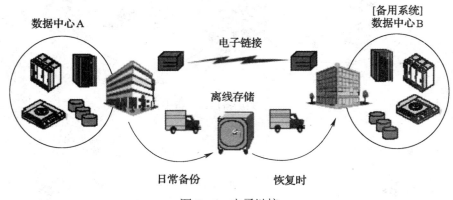

图 5—4　电子链接

由于备用中心要保持持续运行，与生产中心间的通信线路要保证畅通，增加了运营成本。但消除了对运输工具的依赖，提高了灾难恢复速度。大机构使用的灾备方案基本在 3 级及以上。

（5）4 层：使用快照技术拷贝数据（Point-in-time Copies）

使用 4 层容灾方案的业务，对数据的实时性和快速恢复性要求更高些。1~3 层的方案中较常使用磁带备份和传输，在 4 层方案中开始使用基于磁盘的解决方案。此时仍然会出现几个小时的数据丢失，但同基于磁带的解决方案相比，通过加快备份频率，使用最近时间点的快照拷贝恢复数据会更快。系统可在一天内恢复。

4 层灾难恢复可有两个中心同时处于活动状态并管理彼此的备份数据，允许备份行动在任何一个方向发生。接收方硬件必须保证与另一方平台在地理上分离，在这种情况下，工作负载可能在两个中心之间分享，中心 1 成为中心 2 的备份，反之亦然。在两个中心之间，彼此的在线关键数据的拷贝不停地相互传送着。在灾难发生时，需要的关键数据通过网络可迅速恢复，通过网络的切换，关键应用的恢复也可降低到小时级（见图 5—5）。

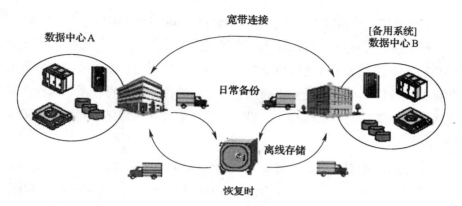

图 5—5 使用快照技术拷贝数据

（6）5 层：交易的完整性（Transaction Integrity）

使用 5 层容灾方案的业务，要求保证生产中心和数据备份中心数据的一致性。在此层方案中只允许少量甚至是无数据丢失，但是该功能的实现完全依赖于所运行的应用。

5 层除了使用 4 层的技术外，还要维护数据的状态，保证在本地和远端数据库中都要更新数据。只有当两地的数据都更新完成后，才认为此次交易成功。生产中心和备用中心是由高速的宽带连接的，关键数据和应用同时运行在两个地点（见图 5—6）。当灾难发生时，只有正在进行的交易数据会丢失。由于恢复数据的减少，恢复时间也大大缩短。

图 5—6 交易完整性

（7）6层：少量或无数据丢失（Zero or Little Data Loss）

6层容灾方案可以保证最高一级数据的实时性。适用于那些几乎不允许数据丢失并要求能快速将数据恢复到应用中的业务。此种解决方案提供数据的一致性，不依赖于应用而是靠大量的硬件技术和操作系统软件来实现的。这一级别的要求很高，一般需要整个系统应用程序层到硬件层均采取相应措施。

①应用程序层采用基于交易（Transaction）的方法开发。

②数据库可以采取数据复制。IBM-DB2-HADR、IBM-INFORMIX-HDR、ORACLE-ORACLE-DATA GUARD 等。

③操作系统使用集群软件、站点迁移软件和数据复制软件。

④硬件层使用同步的数据复制：IBM-ESS-PPRC、IBM-DS4000-RM、EMC-SRDF 或使用带有 CONSISTANCY-GROUP 功能的异步数据复制 IBM-ESS-PPRC、IBM-DS4000-RM。

（8）7层：解决方案与具体业务相结合，实现自主管理（Highly Automated，Bussiness Integrated Solution）

7层容灾方案在第6层的基础上，集成了自主管理的功能。在保证数据一致性的同时，又增加了应用的自动恢复能力，使得系统和应用恢复的速度更快、更可靠（按照灾难恢复流程，手工操作也可实现整个恢复过程）。

7层可以实现0数据丢失率，同时保证数据立即自动地被传输到恢复中心。7层被认为是灾难恢复的最高级别，在本地和远程的所有数据被更新的同时，利用了双重在线存储和完全的网络切换能力。7层是灾难恢复中最昂贵的方式，但也是速度最快的恢复方式。当一个工作中心发生灾难时，7层能够提供一定程度的跨站点动态负载平衡和自动系统故障切换功能。现在已经证明，为实现有效的灾难恢复，无须人工介入的自动站点故障切换功能需要一个应该纳入考虑范围的重要事项（见图5—7）。

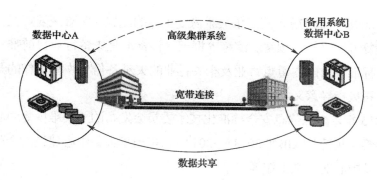

图 5—7 实现自主管理

5.3 灾备标准

国家对信息系统灾备建设高度重视，在政策支持方面逐级加深，颁布了一系列灾备行业相关的法律和法规，建立了适合我国信息化系统的灾备标准体系，为国家信息化建设提供信息安全保障。

5.3.1 国家标准

2003 年，中共中央办公厅颁布的《国家信息化领导小组关于加强信息安全保障工作的意见》（中办发〔2003〕27 号）中首次提到灾备的概念，提出基础网络和重要信息系统的建设要充分考虑抗毁性和灾难恢复，制定和不断完善信息安全应急处置预案。

2004 年，国家网络与信息安全协调小组办公室发布的《关于做好重要信息系统灾难备份工作的通知》（信安通〔2004〕11 号），提出需要提高抵御灾难和重大事故的能力，确保重要信息系统的数据安全和作业连续性。

2005 年，国务院信息化工作办公室发布的《关于印发〈重要信息系统灾难恢复指南〉的通知》，指明了灾难恢复工作的流程、等级划分和预案的制定框架。

2007 年，国务院信息化工作办公室发布的《信息系统灾难恢复规范》

（GB/T 20988—2007），规定了灾难恢复工作的流程、灾难恢复等级，以及灾难恢复方案设计、预案、演练等框架。该标准是灾备行业目前唯一的一套国家标准，对国内重点行业及相关行业的灾难备份与恢复工作的开展与实施有积极指导意义。

2013 年，全国信息安全标准化技术委员会发布的《灾难恢复中心建设与运维管理规范》（GB/T 30285—2013），指出了灾备中心建设的全生命周期、灾备中心的运维工作等。

5.3.2 行业标准

在国家积极制定灾难备份国家标准的同时，灾难备份相关重点行业（尤其是银行、电力、铁路、民航、证券、保险、海关、税务八大行业）也纷纷加快了对信息系统灾难备份行业标准的制定。其中，银行业、保险业和证券业在灾备相关标准制定过程中进展较为迅速。

（1）银行业相关法规条款

《商业银行操作风险管理指引》第十九条规定："商业银行应当制定与其业务规模和复杂性相适应的应急和业务连续方案，建立恢复服务和保证业务连续运行的备用机制，并应当定期检查、测试其灾难恢复和业务连续机制，确保在出现灾难和业务严重中断时这些方案和机制的正常执行。"此规定涉及了业务连续和灾难恢复相关的内容，明确了银行业应当制定适当的业务连续性规划。

《银行业金融机构信息系统风险管理指引》第二十九条规定："银行业金融机构应制定信息系统应急预案，并定期演练、评审和修订。省域以下数据中心至少实现数据备份异地保存，省域数据中心至少实现异地数据实时备份，全国性数据中心实现异地灾备。"此规定明确了银行业金融机构的数据备份要求。

（2）证券业相关法规条款

《证券期货业信息系统安全等级保护基本要求》在应用安全和数据安

全方面对灾备提出了明确的要求。《证券公司集中交易安全管理技术指引》明确了灾难备份BCP（业务连续性计划）的三个具体指标，该指引提出"RPO（恢复点目标）、RTO（恢复时间目标）、DOO（运行性能降低预期）是衡量灾难恢复性能好坏的关键指标，应分别达到：RPO＜16分钟，RTO＜1小时，DOO＜50%"。《证券公司集中交易安全管理技术指引》第四十七条规定"应定期组织灾难备份应急预案和应急计划的演练，至少每年二次，并根据演练的结果和发现的问题进行总结，对系统和应急方案进行优化及完善"，明确了灾备预案演练周期。

（3）保险业相关法规条款

保监会下发的《关于做好保险信息系统灾难备份工作的通知》，要求保险企业需要确定本单位的灾难恢复目标和建设模式，制订完善的灾难恢复计划。保监会发布了《保险业信息系统灾难恢复管理指引》，对保险机构信息系统灾备建设进度和灾难恢复能力进行了明确要求，"保险机构应统筹规划信息系统灾难恢复工作，自本指引生效起五年内至少达到本指引规定的最低灾难恢复能力等级要求"。

第六章
云计算安全

6.1　云计算概述

6.1.1　云计算定义

云计算技术的出现给传统的 IT 行业带来了巨大的变革，对于云计算的概念，不同组织从不同的角度出了定义。

美国国家标准技术研究院（National Institute of Standards and Technology，NIST）将云计算定义为一种无处不在的、便捷的且按需对一个共享的可配置的计算资源进行网络访问的模式，资源包括网络、服务器、存储、应用和服务等，它能够通过最少量的管理或与服务供应商的互动实现计算资源的迅速供给和释放。

欧盟网络与信息安全局（European Network and Information Security Agency，ENISA）则认为，云计算可提供包括多个利益相关者资源的弹性运行环境，并对特定等级服务质量提供多粒度级的可计量服务。

6.1.2　云计算特征

根据云计算的定义，其特征可归纳为五点，分别为按需自服务、宽度接入、资源池虚拟化、架构弹性化以及服务计量化。

①按需自服务。用户在需要时自动配置计算能力，如自主确定资源占用时间和数量，从而减少服务商的人员参与。

②宽度接入。支持各种标准接入手段，用户通过计算机、平板等多种终端利用网络随时随地使用服务。

③资源池虚拟化。根据用户需求，将物理的、虚拟的资源进行动态分

配和管理，分配给多个用户使用。

④架构弹性化。服务可以快速弹性地供应，用户可根据需要快速、灵活且方便地获取和释放资源。

⑤服务计量化。云计算可按照多种计量方式自动控制或量化资源，计量的对象可以是存储空间、网络带宽或活跃的账户数等。

6.1.3 云计算分类

（1）根据服务模式分类

云计算根据服务模式的不同可分为软件即服务（SaaS）、平台即服务（PaaS）以及基础设施即服务（IaaS）三类。

①软件即服务（SaaS）。SaaS 以服务的方式向用户提供使用应用程序的能力。用户可以利用不同设备上的客户端或程序接口通过网络访问和使用云服务商提供的应用软件（如电子邮件系统、协同办公系统等），并且不需要开发或购买这些应用程序。一般用户是不能管理和控制如网络、服务器、操作系统等支撑应用程序运行的底层资源，但用户可对应用软件进行有限的配置管理。

②平台即服务（PaaS）。PaaS 向客户提供在云基础设施上部署和运行开发环境的能力，如标准语言与工具、数据访问、通用接口等，客户可利用该平台开发和部署自己的软件。

③基础设施即服务（IaaS）。IaaS 以服务的方式向用户提供使用处理器、存储、网络以及其他基础性计算资源的能力。虽然用户不能管理和控制云基础设施，但能控制自己部署的操作系统、存储和应用，也能部分控制使用的网络组件。

（2）根据部署方式分类

云计算根据部署方式的不同，可分为私有云、公有云、社区云和混合云四种部署模式。

①私有云。即提供给某些特定用户使用的云平台，不向外提供服务。

②公有云。即为外部用户提供服务的云，对云平台的客户范围没有限制。

③社区云。云基础设施由多个组织共享，组织间用户具有相同的属性，如职能、安全需求、策略等。

④混合云。上述两种或两种以上部署模式的云（私有的、社区的或公有的）组合称为混合云，混合云是两个或多个云通过标准的或私有的技术绑定在一起形成的。

6.2 云计算安全威胁

云计算作为一种新兴的计算资源利用方式，除了传统信息系统的安全问题外，还面临着一些新的安全威胁，主要包括数据安全和虚拟化安全两部分，以下将从这两部分来阐述云计算发展面临的安全挑战。

6.2.1 数据安全

云计算打破了传统 IT 系统中用户即服务商，用户数据存储在企业自有数据中的理念，将用户和服务商分离，使得数据的所有者和保管者、数据的所有权和管理权分离，引发了新的数据安全问题。在运营过程中，服务商由于不涉及自身的安全利益，常常会忽视潜在的安全问题。

①数据分离问题。由于云环境是共享的，多个用户的数据可能会保存在同一个云环境中，因此需要保证数据间的隔离。虽然隔离时可以使用加密来完成，但会对数据的可用性造成影响。

②数据恢复问题。发生灾难后，服务商能否对数据进行完整的恢复也会影响数据的安全性。

③数据保存问题。由于采用分布式存储以及虚拟化技术，使得数据保存位置不确定，而迁移到云计算环境的用户数据以及后续过程中生成、获

取的数据都处于服务商的直接控制下，服务商的某些特权会对数据安全造成隐患。

④数据残留问题。用户不能直接访问和管理存储数据的存储介质，当用户解除与服务商的合作后，不能保证服务商将存储介质中的用户数据完全删除，造成数据残留风险。

6.2.2 虚拟化安全

资源池虚拟化是云计算区别于传统计算模式的重要标志，虚拟化技术是实现资源池虚拟化的基础，其实现了物理资源的逻辑抽象和统一表示。通过虚拟化技术可以提高资源的利用率，并能根据用户业务需求的变化，快速、灵活地进行自由部署。一个成熟的云平台必须实现服务器虚拟化、网络虚拟化、存储虚拟化三大关键技术。

虚拟化的目的是隔离出一个用户或多个用户租赁的执行环境，用于运行操作系统及应用。然而，由于虚拟化技术的大规模应用，打破了传统网络边界的划分方式，网络边界变得模糊和动态，为传统安全带来了挑战。

①虚拟机（Virtual Machine，VM）通信流量不可视。同一物理机内部的虚拟机间进行数据交换时并不经过传统的网络接入层交换机，直接导致虚拟机之间的流量不可视，无法实现流量数据监控和审计等。

②网络边界不固定。同时虚拟化的网络结构，使得传统的分区分域防护变得难以实现。

③资源恶意竞争。多虚拟机共享同一硬件环境，经常出现恶意抢占资源的情况。

④虚拟机间无法隔离。多个用户的应用和数据共享同一虚拟化软件和基础设施，因此虚拟机间不能做到有效的隔离。

⑤虚拟化平台安全。虚拟化平台自身的漏洞可被攻击者利用，将虚拟机作为跳板通过网络攻击虚拟化平台管理应用程序编程接口（Application Programming Interface，API）或由虚拟机通过漏洞直接攻击底层的虚拟化

平台，最终导致整个云平台瘫痪。

⑥权限过度集中。相比较传统数据中心的管理分散，虚拟化环境的管理往往都由同一管理员负责，并缺少对管理员的权限控制、操作审计以及合规性检查等。

⑦虚拟机安全管理复杂。在同一时刻管理上千台虚拟机的安全状态和策略，管理难度和强度很大。

6.3 云计算安全技术

复杂的云计算系统带来云计算安全技术的复杂性和多样性。云计算安全的关键技术主要包括以下几个方面。

（1）身份管理和访问控制

多租户共享的云计算环境中，如何实现用户的身份管理和访问控制，确保不同用户间数据的隔离和安全访问是云计算安全的关键技术之一。

（2）密文检索与处理

传统的加密机制不支持对密文的直接操作，所以数据加密在确保数据隐私的同时，也导致传统的对数据的分析和处理方法失效。密文的检索与处理研究是当前的一个工作重点，典型方法有基于安全索引和基于密文扫描的方法，秘密同态加密算法设计也是当前一个研究重点。

（3）数据存在与可使用性证明

由于大规模数据导致的巨大通信代价，用户不可能将数据下载后再验证其正确性。因此，用户需要在获取数据后，通过某些协议或证明手段判断远程数据是否完整可用。

（4）数据安全和隐私保护

数据安全和隐私保护涉及数据生命周期的每一个阶段。数据生成与计算、数据存储和使用、数据传输、数据销毁等不同阶段，都需要有隐私保护机制，帮助用户控制敏感数据在云端的安全。

（5）虚拟化安全技术

虚拟化技术是实现云计算安全的关键核心技术，云计算利用虚拟化技术实现物理资源的动态管理与部署，为多用户提供隔离的计算环境。虚拟机安全、虚拟网络安全等安全问题会直接影响到云计算平台的安全性。因此，虚拟化安全对于确保云计算环境的安全至关重要。

6.4　云计算安全组织及标准

6.4.1　国外云计算安全机构及标准

目前国外主要的云计算安全标准机构有 ISO/IEC 第一联合技术委员会、国际电信联盟——电信标准化部、美国国家标准技术研究所、区域标准组织（美国）CIO 委员会、欧洲网络与信息安全管理局以及开放式组织联盟。

（1）ISO/IEC 第一联合技术委员会（ISO/IEC JTC1）

ISO/IEC 第一联合技术委员会属于联合国下属机构，于 1987 年由 ISO 和 IEC 两大国际标准组织联合组建。JTC1 共包含三种类型成员：参加成员、观察成员以及联络成员。云计算领域的标准化工作主要由 JTC1 下 SC38 工作组完成。

JTC1 于 2011 年 8 月完成《开放虚拟机格式》标准制定，其中描述了虚拟机迁移的文件格式及打包方法，提出可以对虚拟机进行应用程序细粒度的打包迁移。JTC1 于 2010 年 10 月启动了研究项目——云计算安全和隐私，目前已基本确定云计算安全和隐私的概念架构，明确了关于云计算安全和隐私标准研制的三个领域：信息安全管理、安全技术以及身份管理和隐私技术。

（2）国际电信联盟——电信标准化部（ITU-T）

ITU-T 是国家电信联盟管理下专门制定远程通信的相关国际标准组织，

组织成员多来自电信业务提供商以及软件生产商等。

ITU-T 于 2010 年 6 月成立了云计算焦点组 FG Cloud，致力于从电信角度为云计算提供支持。云计算焦点组发布了包含《云安全》和《云计算标准制定组织综述》在内的七份技术报告。

（3）美国国家标准技术研究所（NIST）

NIST 在进行云计算及安全标准的研制过程中，定位于为美国联邦政府安全高效使用云计算提供标准支撑服务。迄今为止，NIST 共成立了五个云计算工作组，分别是云计算参考架构和分类工作组、云计算应用的标准推进工作组、云计算安全工作组、云计算标准路线图工作组、云计算业务用例工作组。

目前 NIST 已完成《云计算参考体系架构》《云计算安全障碍与缓和措施》《公共云计算中安全与隐私》以及《通用云计算环境》等多项标准。由其提出的云计算定义、三种服务模式、四种部署模型、五大基础特征被认为是描述云计算的基础性参照。

（4）区域标准组织（美国）CIO 委员会

CIO 委员会成立于 2002 年，属于美国政府机构。2010 年 2 月，CIO 委员会与 NIST、GSA（总务管理局）以及 ISIMC（信息安全及身份管理委员会）一起合作完成《美国政府云计算风险评估方法》。

（5）欧洲网络与信息安全管理局（ENISA）

ENISA 成立于 2004 年，目的是提高欧洲网络与信息安全。其在云安全标准化方面主要关注云计算中风险评估和风险管理等，由 ENISA 下 WG NRMP 工作组负责。

ENISA 从 2009 年开始，先后发布了《云计算：优势、风险及信息安全建议》《云计算信息安全保障框架》《政府云的安全和弹性》以及《云计算合同安全服务水平监测指南》等。

（6）开放式组织联盟

开放式组织联盟于 2009 年 10 月成立云工作组，目前开放式组织联盟已完成《云计算标准》的制定，该标准对云计算体系架构进行标准化，包括通用云架构、云服务质量 QoS、云安全以及服务虚拟定价等。此外，还发布了《云安全和 SOA 参考架构》，构建面向 SOA 的云安全参考架构，设计云中数据存储安全、数据可信等领域。

6.4.2　国外云计算安全组织及标准

此外，国际上比较有影响力的云计算安全组织有云安全联盟、分布式管理任务组以及结构化信息标准促进组织。

（1）云安全联盟（CSA）

CSA 于 2009 年 4 月成立，目的在于推广云安全的最佳实践方案，开展云安全培训等。

CSA 已以白皮书形式向全球发布云安全方面的参考与建议，完成了《云计算面临的严重威胁》《关键领域的云计算安全指南》《身份隐私与接入安全》等三项标准化建议，发布了《如何保护云数据》《定义云安全：六种观点》等两项与云安全相关的建议书。

（2）分布式管理任务组（DMTF）

DMTF 成立于 1992 年，目的在于联合整个 IT 行业协同开发、验证和推广系统管理标准，帮助全世界范围内简化管理、降低 IT 管理成本。DMTF 于 2009 年成立开放云标准孵化器工作组，之后相继成立了云管理工作组和云审计数据联邦工作组，致力于提高云供应商安全能力。

DMTF 于 2010 年发布《云管理体系结构》，其中包含云安全体系架构、云管理安全接口以及租户身份管理与存储等相关内容。

（3）结构化信息标准促进组织（OASIS）

OASIS 将云计算看作是 SOA（面向服务的架构）和网络管理模型的自然扩展，并于 2010 年成立云身份技术委员会，致力于解决云计算中身份管理带来的严重安全挑战。

OASIS 于 2011 年 2 月发布了《身份在云中的使用》，对租户身份的部署、配置以及管理用例进行了定义。

6.4.3 国内云计算安全组织及标准

在国内，云计算安全相关的标准组织主要有中国通信标准化协会和全国信息安全标准化技术委员会等。

（1）中国通信标准化协会（CCSA）

CCSA 于 2002 年 12 月在北京正式成立。目前已发布了《移动环境下云计算安全技术研究》《电信业务云安全需求和框架》等相关云安全标准。《移动环境下云计算安全技术研究》由中国联合网络通信集团牵头，针对移动环境中云计算面临的关键安全问题进行详细分析和研究。《电信业务云安全需求和框架》旨在构建电信业务云环境的安全业务云体系框架。

（2）全国信息安全标准化技术委员会

全国信息安全标准化技术委员会简称信安标委。信安标委成立了多个云计算安全标准研究课题，并组织协调政府机构、科研院校、企业等开展云计算安全标准化研究工作。

6.5 云计算安全态势

近年来，我国政府陆续出台了若干扶持和鼓励云计算发展的政策，在政府和企业的联合推动下，我国云计算产业发展迅速，云计算市场规模也不断扩大。现阶段的云计算在部署模式、服务模型、资源物理位置与管理以及云服务提供商属性等方面都呈现出不同的形态，使得云计算具有不同的安全风险特征、安全控制责任和控制范围。

云安全技术传承于传统信息安全，同样采用防火墙等设备来保障非法访问，使用防病毒软件保证内部机器不被感染，使用入侵检测和防御设备来抵御黑客入侵，采用数据加密、文件内容过滤等保障敏感数据在云端的完整性、保密性和可用性等。

但云安全与传统的数据中心安全相比，又是网络时代信息安全的最新体现，它面临着很多新的安全挑战，其安全形势不容乐观。云安全联盟2016年列出的"十二大云安全威胁"包括：数据泄露、凭证被盗和身份验证绕过、界面和API被攻击、系统漏洞利用、账户劫持、恶意内部人员、APT攻击、永久的数据丢失、调查不足、云服务滥用、DDoS攻击、共享技术以及共享危险等。这些安全威胁中，虚拟化漏洞所造成的巨大风险越来越受到重视。

目前云计算安全呈现信息安全自身发展的纵深防御、软件定义安全、设备虚拟化三大趋势，这三者结合形成一套更安全、经济的云平台安全体系。

在云计算防御技术方面，纵深防御体系已经初步显现，并成为云安全防御主要趋势。云计算的物理资源是多租户共享的，攻击者一旦通过漏洞攻击等方式实现虚拟机逃逸，便可以读取宿主机的所有虚拟机内存，从而控制该宿主机的所有虚拟机。类似的，主流PaaS（Platform as a Service）服务平台普遍采用进程隔离的融合技术，隔离边界很容易打破，因此威胁可能直接来自于相邻的租户。纵深防御的体系能够大大地增强信息安全防护能力，具体体现在多点联动防御和入侵容忍技术两方面。

传统的安全软件呈现封闭化特征，虽有大量的安全软件，但这些软件都被生产厂商绑定在安全硬件设备中，用户无法灵活地将安全软件与自身业务需求做深入结合，损害了用户的利益，同时还阻碍了各个安全设备间联动整合，使联动防御难以形成。未来安全设备的开放化和编程化将成为趋势，软件定义信息安全强调安全硬件设备的可编程化，使得用户可以灵活地将安全硬件与应用深入防御、联动防御。

云上的安全设备虚拟化是另一个重要的云安全趋势。在云计算环境中，物理资源的共享机制迫使传统的安全设备难以适应云安全的需求，部分云安全企业将安全软件由传统的安全盒子抽出，利用不同的虚拟化技术，形成了满足不同云安全需求的安全设备单元，这大大降低了成本，同时提高了敏捷度和并发性能。但安全设备的虚拟化也增加了攻击面，降低了可信的边界，因此新的威胁下，虚拟化的安全设备需要谨慎管理和使用。目前云安全有待突破的关键技术还有很多。

当前我国的云计算领域正处于高速发展期，云计算生态逐步完善，虽取得了一定的进展，但仍然存在一些安全问题，主要体现在以下方面。

①云安全监管以及指导的政策规范等覆盖范围和深度尚待深化，大量企业和个人的业务及数据将运行在云服务上，数据安全和隐私保护等问题应引起重视。

②国外云平台存在的后门或漏洞对我国的网络空间安全带来极大挑战，云计算技术及云安全技术的自主可控仍然是关注重点。

③云计算和区块链等新技术的融合发展使得安全局面更加错综复杂，从技术上看云计算和区块链相辅相成，但由于新兴技术本身的不成熟可能存在安全隐患，同时新技术的管理和利用尚未形成标准规范，容易引发管理失控风险。

④云计算自身防护架构和体系尚不完善，自身弱点和面临的威胁频频爆发。相比于单个业务系统的自身防护，云环境部署了多个应用、业务，整体生态更加复杂，攻击面增大，数据泄露、系统漏洞利用、DDoS 攻击、APT 攻击等安全威胁的影响更加严重。另外，我国在与云安全相关的数据及隐私保护、安全管理等领域还存在很大的缺失。

第七章
物联网安全

7.1 物联网安全概述

物联网是通过射频识别（Radio Frequency Identification，RFID）技术、无线传感器技术以及定位技术等自动识别、采集和感知获取物品的标识信息、物品自身的属性信息和周边环境信息，借助各种信息传输技术将物品相关信息聚合到统一的信息网络中，并利用云计算、模糊识别、数据挖掘以及语义分析等各种智能计算技术对物品相关信息进行分析融合处理，最终实现对物理世界的高度认知和智能化的决策控制。物联网被视为继计算机、互联网之后信息技术产业发展的第三次革命，其泛在化的网络特性使得万物互联正在成为可能。智能家居、车联网、人工智能等的背后正是物联网在加速落地、快速成熟，物联网时代到来已经毋庸置疑。

物联网技术以多网融合聚合性复杂结构系统形式出现，其基础与核心仍然是互联网。物联网在互联网基础上得以延伸和拓展，在云计算、移动互联网、智能移动终端等帮助下使其体系架构变得愈发丰富饱满。然而，正是由于物联网对于互联网的天然继承性，使得针对互联网所发起的各类恶意攻击开始蔓延到物联网领域。

互联网在被创造伊始并未将"安全"作为首要的考量因素，这使其在诞生之初就存在"安全免疫缺陷"。继承于互联网的物联网，不仅融合了互联网的长处和优势，同时也天然携带了这份"安全免疫缺陷"基因，加之物联网自身不断展现出来的新特性，使得这一安全缺陷被持续扩大。

7.1.1 物联网安全形态

物联网的安全形态主要体现在其体系结构的各个要素上。

①物理安全。主要是传感网的安全，包括对传感器的干扰、屏蔽、电磁泄漏攻击、侧信道攻击等。

②运行安全。主要存在于各个计算模块，包括嵌入式计算模块、服务器的计算中心等，包括密码算法的实现（如白盒和黑盒实现）、密钥管理（硬件或软件存储密钥）、数据接口和通信接口管理等，涉及传感器节点、数据汇聚节点和数据处理。

③通信安全。是指数据在传输过程中的安全保护，确保数据在传输过程中不会被非法窃取、篡改、伪造等。

④数据安全。数据可以是单个感知节点终端采集的数据，也可以是多个感知节点采集到存储在云端的数据。

7.1.2 物联网安全需求

对于无法保证隐私信息以及不能提供完善的安全措施的新技术，用户是不会在他们的生活中应用的。如果物联网的安全问题不能得到很好的解决，或者说没有很好的解决办法，将会在很大程度上制约物联网的发展。

从物联网的概念中可以知道，物联网是一种虚拟网络与现实世界实时交互的新型系统，其核心和基础仍然是互联网，是在互联网基础上的延伸和扩展，其特点是无处不在的数据感知、以无线为主的信息传输、智能化的信息处理，用户端可以延伸和扩展到任何物品与物品之间，进行信息交换和通信。因为与物联网相结合的互联网本身就早已存在许多安全问题，传感网和无线网络与一般网络相比存在特殊的安全问题，而物联网又以传感网、无线网络为核心技术，这更是给各种针对物联网的攻击提供了广阔的土壤，使物联网所面临的安全问题更加严峻。

虽然现有的移动网络中大部分安全策略仍然可以给物联网提供一定的安全性，但是与传统网络相比，物联网的特殊安全问题在很大程度上是由于物联网是在移动网络的基础上将感知网络和应用平台集成在一起带来的。除了要面对移动网络中的安全问题之外，物联网还存在一些特殊的安全问题。如果在物联网被广泛应用之前处理不好这些问题，整个国家的经济和安全都将面临威胁。因此，必须深入研究物联网应用中可能遇到的安全问题，设计并完善它的安全问题对策。只有这样，才能促进物联网的广泛应用，否则，物联网只能部署在有限、受控的环境中，而使其无法充分发挥应有的作用。

7.2　物联网安全架构

物联网有着不可计数的感知终端，有着复杂的信息通信渠道，并基于现有通信技术实现了网络应用多样化。物联网采用现有成熟网络技术的有机融合与衔接，实现物联网的融合形成，实现物体与物体、人和物体相互的认知与感受，真正体现物物相连的智能化。

目前公认的物联网架构分为三层，分别为感知层、传输层和应用层。感知层包括传感器节点、终端控制器节点、感知层网关节点、RFID 标签、RFID 读写器设备，以及短距离无线网络（如 Zigbee）等；传输层以远距离广域网通信服务为主；处理层主要以云计算服务平台为基础，包括云平台的各类服务和用户终端等。物联网安全架构如图 7—1 所示。

7.2.1　感知层安全

物联网区别于互联网的主要因素是感知层的存在。它处于底层，直接面向现实环境，基数大、功能各异，渗透进人们日常生活的各个方面，所以其安全问题尤为重要。该层涉及条码识别技术、RFID 技术、卫星定位技术、图像识别技术等。感知层安全要保护的是数据在感知节点内部的处理安全和数据通信安全，包括传感器节点与汇聚节点之间的通信安全、RFID 标签与 RFID 读写器之间的通信安全。

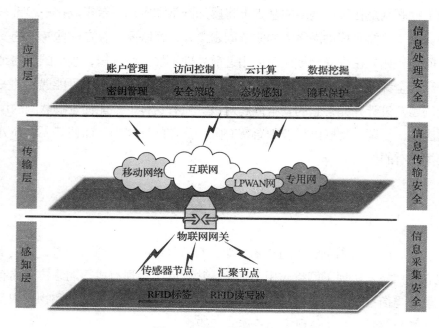

图 7—1　物联网安全架构

7.2.2　传输层安全

传输层主要负责汇聚感知数据，实现物联网数据传送。物联网中节点数量庞大，且以集群方式存在，因此会导致数据传播过程中，由于机器发送了大量数据造成网络拥塞，产生拒绝服务攻击。此外，现有通信网络的安全架构都是从人通信的角度设计的，对于以物为主体的物联网，网络层安全问题更多地集中在传输安全与完整性方面。

7.2.3　应用层安全

应用层安全主要涉及云计算平台上的安全服务和应用服务。安全服务包括系统安全、应用软件安全、数据存储安全、大数据处理安全等；应用服务包括对终端用户的身份鉴别、访问控制、密钥管理等一系列技术措施，实现云计算平台数据在用户使用过程中能够符合技术要求和管理策略。由于应用层的处理功能和应用功能技术可能涉及不同的开发者和用户，因此有些架构也将应用层进一步细分为处理层和应用层，形成包含四个逻辑层的物联网安全架构。

7.3　物联网安全问题及其对策

物联网安全防护需要考虑其复杂性和特殊性，要做到安全入微，更要实现统筹安全、度量安全。物联网中的每个智能设备都是一个微点，这些微点可能仅有几千字节的运行代码，但依然会受到各种攻击，故安全防护需要在低功耗、低带宽、低运算能力的条件下完成。因此，轻量级安全技术的安全防护变得至关重要。通过构造多层次、多样性保护系统，使微点有足够强度的安全防护及抗攻击能力，进而让安全能力泛在化物联网的每个环节、每个角落，从全生态系统、全生命周期对物联网体系安全进行考虑和规划，做到物联网安全极大化。物联网安全防护最关键的是要逐步建立起物联网安全度量方法和规范，并据此设立物联网安全基线，由此让烦琐的物联网清晰可判断。物联网的安全防护可以从以下五方面进行。

（1）物联网安全要从设计阶段予以考量，并且需要深入到代码层面

物联网时代攻击者主要瞄准的目标依然是物联网终端里的智能设备"大脑"——代码。攻击者在掌握了恰当的终端设备硬件平台、操作系统入侵方法后，就会设法对核心代码算法进行窃取，尝试破解密钥、加密算法，挖掘控制协议、后台交互逻辑漏洞等，进而实现暴露系统漏洞、对系统后台进行攻击、劫持/控制设备、获取用户信息/机密数据等操作。

（2）赋予物联网端点智能安全能力，构建端点智能自组织安全防护循环微生态

每个终端微点之间实际上还是存在一条无形边界——微边界，物联网领域攻防对抗的第一战场就是于微边界处展开。微边界上聚集着数以千万

计的终端微点，一个感知终端的安全漏洞将会沿着微边界横向纵向扩展，并在物联网上被级数放大，由单个微点所最终导致的安全风险损失不可估量。因此，要将安全泛在化于每个微边界点上，使每个终端微点都具备安全防护及抗攻击能力。安全的部署和运维也要能够适应海量并且多样化、多元化的感知设备。安全威胁的发现、监测与响应更要能够细粒度到每个微边界点上。由微边界联合起来的众多物联网终端微点，要能够逐步实现矩阵化，从松散的个体成为组织化、智能自适应化的严谨统一整体，构筑极细微安全防御体系，以细粒度安全防护叠加方式使得终端的轻量级安全有足够强度的抗攻击能力，实现对终端立体防御体系内安全机制的技术动态聚合，运用整体力量对抗单点式恶意攻击。

（3）构建多重隔离的物联网通信安全，加强数据通信传输通道的安全性

对于物联网的通信安全，首先需要加强网络通信协议自身的安全防护。考虑到通信协议本身就是由一行行代码所组成，因此可以对通信协议实施加密操作、采用多层密钥加密传输、密钥之间动态切换，以提供更加安全的保障。通过白盒加密技术再对加密密钥进行安全性保护，防止密钥的泄露和破解。对通信协议代码实施高强度混淆，彻底"打乱"旧有程序逻辑思路，极大增加黑客分析、破解、调试通信协议的难度，因为难度太大，攻击者可能会放弃对系统进行入侵攻击。

其次，要对数据通信传输通道里的数据流进行加密操作，杜绝明文传输。还要对流量里的数据进行安全过滤、安全认证，确保让正确的数据在通信传输管道里流通。对设备指纹、时间戳信息、身份验证、消息完整性等多种维度的安全性校验，可以进一步保证数据传输的唯一性和安全性。另外要注意，在特殊物联网传输环境下，要考虑进行网络加速操作，避免数据通信传输管道成为物联网体系正常运转的瓶颈。

最后，要加强通信通道安全防护软硬件的研发，重点涉及高性能信道与网络密码设备、密码网关、安全 Web 网关、安全路由及交换设备、高性

能网络隔离与交换系统、网络行为监控系统、统一威胁管理平台等。

（4）通过安全度量，为物联网安全系统设立恰当的安全基线

对于物联网安全的度量，可从物联网安全的检测能力、防护能力、预警能力和响应能力方面评价物联网安全性能和有效性。在物联网安全检测能力方面，度量尺度可用置信度来衡量。置信度由查全率、查准率、碎片率、错误关联率等尺度组成，在物联网复杂的网络环境中，需要具备检测、挖掘、分析各种恶意攻击轨迹的能力，以有效地感知物联网的安全态势。一般攻击轨迹可分为已知攻击轨迹、检测到的攻击轨迹和正确检测到的攻击轨迹，没有被检测到的已知攻击轨迹是漏警，而不存在但却检测出的攻击轨迹则是虚警，提高查全率和查准率可提高物联网安全检测能力。在物联网安全防护能力方面，度量尺度可以用不一致率指标来衡量，其主要衡量所采取安全防护措施的质量情况，即正确使用安全防护措施的程度如何，也表明安全防护措施存在错误的关联或联系。在物联网安全预警能力方面，度量尺度可以用告警率来衡量，其主要衡量正确告警的情况，正确告警的次数占总核实告警次数的比率越高，物联网安全预警能力越强。在物联网安全响应能力方面，度量尺度可用响应时间来衡量，其主要衡量从发现安全问题到做出决策或采取行动之前所花费的时间，其既是性能衡量标准，又是有效性的衡量标准，提高响应时间，继而可提高物联网安全响应能力。物联网安全有效性的度量尺度可以用满意度来衡量，其主要衡量决策者对所重点关注的物联网领域采取的安全措施的满意程度，满意度越高，物联网安全的有效性越好。物联网安全性能和有效性的衡量不能依靠单个尺度，需要各衡量尺度的组合，才能充分评价物联网安全性能和有效性。

（5）耦合不同安全运维平台，实现对物联网整体安全的全面管控

云平台能够对物联网终端所收集的数据进行综合、整理、分析、反馈等操作。针对物联网云平台，还需要加入移动安全这个维度的安全防御，例如需要移动威胁感知平台来完善云平台安全情报，通过 SOC、M-SOC

（Security Operation Center for Mobile）实现对物联网安全体系的整体管控，通过移动安全测评云平台实现对物联网云端应用、源码、服务器安全性的检验与监测。

物联网的安全触角广阔，覆盖了众多领域维度。需要各运维平台能够实现耦合，进行安全防御联动，共享安全情报信息，整体把控物联网安全，以集体的力量有效对抗有组织的恶意攻击。在物联网时代，不同的云平台之间势必将互相连通起来，而在云平台整合的背后，则联动着不同行业、不同领域物联网安全管控平台的整合，物联网安全体系内部各个环节的整合，物联网微观环境里各个单元、模组的整合。只有将一切松散元素锻造成严密的统一整体，才能将物联网安全清晰地呈现在人们面前。

7.4 物联网相关标准

物联网是互联网、通信网技术的延伸，相比传统的互联网，物联网终端数量更大、网络数据流量更大、需要加工处理的信息更复杂。尤其是物联网在许多重点行业、重大基础设施中应用起来后，对信息安全的要求会更加突出，没有相应的安全标准做保障，一旦发生重大安全问题，不仅会造成严重的经济损失，甚至可能严重影响人们使用物联网的信心。

物联网安全标准的工作可以体现在相关标准组织在物联网标准中对安全需求、安全架构、安全技术等的描述。另外，物联网安全标准可以体现在传统的信息安全标准扩展应用到物联网领域。总体来看，国际上各个标准组织的物联网标准制定工作还主要处于架构分析和需求分析阶段，物联网安全标准工作还处在起步阶段。

由于物联网技术涉及领域众多，导致物联网标准分布比较分散，各个标准化组织都在进行相关标准化工作。目前，介入物联网领域的主要国际标准组织有 IEEE，ISO、ETSI、ITU-T，3GPP、3GPP2 等。在针对泛在网总体框架方面进行系统研究的国际标准组织中，比较有代表性的是 ITU-T

及 ETSI M2M（Machine-to-Machine）技术委员会。其中，ITU-T 从泛在网角度研究总体架构，而 ETSI 则从 M2M 的角度研究。除了传统的安全问题，针对物联网特殊的安全需求，不同的安全组织已经开展了相关研究。

7.4.1　国外物联网相关标准

（1）ITU-T

ITU-T 是最早进行物联网研究的标准组织，启动了一系列针对物联网安全的项目，包括标签应用安全的 X.1171 威胁分析、X.rfpg 安全保护指南，针对泛在传感器网络安全的 X.usnsec-1 安全框架、X.usnsec-2 中间件安全指南、X.usnsec-3 路由安全，针对泛在网安全需求和架构的 X.unsec-1 等。

ITU-T SG17 组成立专门的小组展开泛在网安全、身份管理与解析的研究。SG11 组成立专门的"NID 和 USN 测试规范"组，主要研究节点标识（Node IDentify，NID）、泛在感测网络（Ubiquitous Sensor Network，USN）的测试架构、X.usnsec-2 USN 中间件安全、X.usnsec-3 WSN 安全路由机制、H.IRP 测试规范以及 X.oid-res 测试规范。SG13 组主要研究功能需求与构架，如 Y.2221 支持下一代网络（NGN）环境的泛在感测网络应用和服务需求。

（2）ISO/IEC

ISO/IEC 在 RFID 和传感器网络方面开展了大量研究工作。已发布的RFID 标准涵盖了标签标识编码（15963）、空中接口协议（18000）、数据协议（15962、24753）、应用接口（15961）等。ISO/IEC JTC1 成立传感器网络工作组（WG7），主要侧重传感器网络架构和整体标准化的协调。另外，JTC1 开展了编号为 29180 的泛在传感器网络安全框架标准项目，ISO/IEC 19790：2006 针对计算机及通信系统加密模型的安全管理进行了说明。IEC WG 10 工作组的工作范围为网络和系统安全，已开展了 IEC 62443《工业过程测量和控制安全：网络和系统安全》系列标准的研制。

（3）ETSI

ETSI 主要采用 M2M 的概念进行总体架构方面的研究，在物联网总体架构方面研究得比较深入和系统，也是目前在总体架构方面最有影响力的标准组织。

ETSI 专门成立了一个专项小组（M2M TC），M2M TC 小组的职责是从利益相关方收集和制定 M2M 业务及运营需求，建立一个端到端的 M2M 高层架构，找出现有标准不能满足需求的地方并制定相应的标准，将现有的组件或子系统映射到 M2M 架构中。在 M2M 解决方案间的互操作性（制定测试标准）和硬件接口标准化方面，考虑与其他标准化组织进行交流及合作。ETSI M2M TC 在其规范中也研究了机器类通信安全，TS 102 689 需求规范明确提出可信环境和完整性验证需求、私密性需求等，TS 106 690 功能架构明确了各层安全功能需求，TR 103 167 专门分析了应用层安全威胁。

（4）3GPP 和 3GPP2

3GPP（The 3rd Generation Partnership Project，第三代合作伙伴计划）和 3GPP2（The 3rd Generation Partnership Project 2，第三代合作伙伴计划 2）也采用 M2M 的概念进行研究。作为移动网络技术的主要标准组织，3GPP 和 3GPP2 关注的重点在物联网网络能力的增强方面，是在网络层方面开展研究的主要标准组织。

3GPP 针对 M2M 的研究主要从移动网络出发，研究 M2M 应用对网络的影响，包括网络优化技术等。3GPP 的研究范围只讨论移动网的 M2M 通信，它们只定义 M2M 业务，而不具体定义特殊的 M2M 应用。3GPP 目前已经基本完成了需求分析，转入网络架构和技术框架的研究，但核心的无线接入网络研究工作还未展开。相比较而言，3GPP2 相关研究的进展要慢一些，目前关于 M2M 方面的研究多处于研究报告阶段。3GPP SA3 针对机器类通信安全分别开展了 TR 23.888 M2M 设备 USIM（Universal Subscriber Identity Module）业务远程管理、TR 33.868 M2M 安全威胁及解决方案标准项目。

（5）IEEE

IEEE在物联网标准化方面的主要工作集中在近距离无线通信物理层和智能电网方面。IEEE 802.15（Wireless Personal Area Network Communication Technologies-WPAN）工作组形成了一系列重要标准，其中IEEE 802.15.4是ZigBee、WirelesHART、RF4CE、MiWi、ISA100.11a、6LoWPAN等规范的基础，这些标准规范已在无线传感网、工控网等延伸网中广泛使用。在智能电网方面，IEEE有智能电网互操作性系列标准（P2030系列）和智能电网近距离无线标准（802.15.4g）。

7.4.2 国内物联网相关标准

我国物联网相关研究机构和企业积极参与物联网国际标准化工作，在ISO/IEC、ITU-T、3GPP等标准组织中取得了重要地位。我国有多个标准化组织开展物联网标准化工作。同时，在行业应用领域，在物联网概念发展之前，已经有不同的标准化组织开展相关研究。

（1）电子标签标准工作组

该工作组的任务是联合社会各方力量，开展电子标签标准体系的研究，并以企业为主体进行标准的预研、制定和修订工作。电子标签标准工作组目前已公布的相关RFID标准主要参照ISO/IEC 15693标准的识别卡和无触点的IC卡标准，即《识别卡 无触点的集成电路卡 邻近式卡 第1部分 物理特性》（GB/T 22351.1—2008）和《识别卡 无触点的集成电路卡 邻近式卡 第3部分 防冲突和传输协议》（GB/T 22351.3—2008）。

（2）传感器网络标准工作组

传感器网络标准工作组的主要任务是研究并提出有关传感器网络标准化工作方针、政策和技术措施的建议。传感器网络标准工作组由PG1（国际标准化）、PG2（标准体系与系统架构）、PG3（通信与信息交互）、

PG4（协同信息处理）、PG5（标识）、PG6（安全）、PG7（接口）、PG8（电力行业应用调研）八个专项组构成，开展具体的国家标准的制定工作。

（3）泛在网技术工作委员会

中国通信标准化协会（China Communication Standards Association，CCSA）泛在网技术工作委员会（TC10）的成立，标志着 CCSA 泛在网技术与标准化的研究将更加专业化、系统化、深入化，推动泛在网产业健康快速发展。TC10 开展了"泛在网安全需求"标准项目，TC8 开展了"机器对机器通信的安全研究"项目。

CCSA 发布的《YDB 100-2012 物联网需求》和《YDB 101-2012 物联网安全需求》两个标准，主要分析了物联网存在的安全威胁，并以此为基础提出了物联网终端、物联网端节点、物联网接入网关、感知延伸网络、核心、接入网络和应用层及物联网层间等方面的安全需求。

（4）中国物联网标准联合工作组

在国家标准化管理委员会、工业和信息化部等相关部委的共同领导和直接指导下，由全国工业过程测量和控制标准化委员会、全国智能建筑及居住区数字化标准化技术委员会、全国智能运输系统标准化技术委员会等19家现有标准化组织联合倡导并发起成立物联网标准联合工作组。联合工作组将紧紧围绕物联网产业与应用发展需求，统筹规划，整合资源，坚持自主创新与开放兼容相结合的标准战略，加快推进我国物联网国家标准体系的建设和相关国标的制定，同时积极参与有关国际标准的制定，以掌握发展的主动权。

2012 年 4 月，国际电信联盟审议通过了我国提交的"物联网概述"标准草案，使其成为全球第一个物联网总体性标准，该标准涵盖物联网的概念、术语、技术视图、特征、需求、参考模型、商业模式等基本内容，有利于转化我国已经形成的相关研究成果，对于指导和促进全球物联网技术发展、产业进步、成果应用等也具有重要意义。

第八章
大数据安全

8.1 大数据基本概念

8.1.1 大数据的定义

对于大数据的概念，业界尚未给出统一的定义。2011 年，美国著名的咨询公司麦肯锡（Mckinsey）在研究报告《大数据的下一个前沿：创新、竞争和生产力》中给出了大数据的定义：大数据是指大小超出常规数据库软件工具收集、存储、管理和分析能力的数据集。根据 Gartner 的定义，大数据是需要新处理模式才能具有更强的决策力、洞察发现力和流程优化能力的海量、高增长率和多样化的信息资产。

美国国家标准技术研究所（National Institute of Standards and Technology，NIST）的大数据工作组在《大数据：定义和分类》中指出：大数据是指传统数据架构无法有效处理的新数据集。针对这些数据集，需要采用新的架构来高效率地完成数据处理。

维基百科（Wikipedia）中，大数据则被定义为巨量数据，也称海量数据或大资料，是指所涉及的数据量规模巨大到无法人为地在合理时间内达到截取、管理、处理并整理成为人类所能解读的信息。

全球最大电子商务公司亚马逊的大数据科学家 John Rauser 给出了一个简单的定义：大数据是指任何超过了一台计算机处理能力的数据量。

而易安信（EMC）公司给出的定义为数据集或信息，其中它的规模、发布、位置在不同的孤岛上，或它的时间线要求客户部署新的架构来捕捉、存储、整合、管理和分析，以便实现企业价值。

目前国内普遍将大数据解释为具有数量巨大、来源多样、生成极快、多变等特征并且难以用传统数据体系结构有效处理的包含大量数据集的数据。

从上述定义可以看出，大数据并不仅仅是数据本身，还包括大数据技术以及应用。从数据本身的角度出发，大数据是指大小、形态超出常规数据管理系统采集、存储、管理和分析能力的规模较大的数据集，同时这些数据间存在直接或间接的关联，利用者通过大数据技术从而实现数据隐藏信息的挖掘和展示。根据来源的不同，大数据大致可分为以下3类。

第一，来源于人。人们在互联网以及移动互联网活动中所产生的文字、图片、视频等数据。

第二，来源于机器。以文件、数据库、多媒体等形式存在的计算机信息系统产生的数据。

第三，来源于物联网智能终端。随着物联网智能终端的快速部署，各类物联网智能终端所采集的数据，包括智能摄像头采集的视频、车联网产生的各种实时交通流量、各种可穿戴设备收集人体的各种健康指数监控等。

大数据技术包括数据采集、预处理、存储、处理、分析和可视化，是挖掘并展示数据中信息的一系列技术和手段。

大数据应用则是对特定的大数据集，使用大数据技术和手段，实现有效信息的获取过程。大数据技术研究的最终目标就是从规模庞大的数据集中发现新的模式与知识，从而挖掘到数据隐藏的有价值的新信息。

8.1.2　大数据的特征

国际数据公司（IDC）从大数据的四大特征来对大数据进行定义，即海量的数据规模（Volume），快速的数据流转和动态的数据体系（Velocity），多样的数据类型（Variety）以及巨大的数据价值（Value）。业界将这四大特征归纳为 4 个 "V"。

第一，海量的数据规模（Volume）。近些年全球的数据量急剧增加，社交网络、电子商务等将人们带入了一个以 PB 为单位的新时代。

第二，快速的数据流转和动态的数据体系（Velocity）。这是大数据区分于传统数据挖掘的最显著特征。信息通常具有时效性，所以必须从各种类型的数据中快速获取信息，才能最大化地挖掘利用信息价值。

第三，多样的数据类型（Variety）。相比较以往便于存储的以文本为主的结构化数据，非结构化数据越来越多，包括日志、音频、视频、点击流量、图片、地理位置等，此外，还有一些半结构化数据，如电子邮件、办公处理文档等。

第四，巨大的数据价值（Value）。从大量的数据中挖掘发现具有高价值的信息，如天气预测等。这一特征也体现了大数据获取数据价值的本质。

此外，在传统 4V 特征的基础上提出了大数据体系架构的 5V 特征。相比较 4V 特征，其增加了真实性（Veracity）特征，真实性特征包括了可信性、真伪性、来源和信誉、有效性和可审计性等子特性。

8.1.3　大数据的作用

大数据作为一种重要的信息技术，已经深入到社会的各个行业和部门，也将对社会各方面产生更重要的作用。大数据的发展将改变经济社会管理方式，促进行业融合发展，推动产业转型升级，助力智慧城市建设，推动商业模式创新变革，同时还将改变科学研究的方法论。

（1）改变经济社会管理方式

大数据技术作为一种重要的信息技术，对于提高安全保障能力、应急能力，优化公共事业服务，提高社会管理水平的作用正在日益凸显。除此之外，大数据还将推动社会各个主体共同参与社会治理。政府、企业、社会组织、公民等各种主体都将以更加平等的身份参与到网络社会的互动和合作之中，这对促进城市转型升级、提高可持续发展能力、提升社会治理能力、实现推进社会治理机制创新以及促进社会治理实现管理精细化、服务智慧化、决策科学化、品质高端化等都具有重要作用。

（2）促进行业融合发展

随着移动互联网的快速发展，网络购物、社交网站、网络实时信息分享等在人们生活中不可或缺，社会主体的日常活动在网络空间虚拟环境下得到承载和体现。信息的大量和快速流通将伴随着行业的融合发展导致经济形态发生大范围变化。大数据应用的关键在于分享，行业或部门之间数据共享和交换已经成为一种发展趋势。

（3）推动产业转型升级

在面对多维、异构、爆发增长的海量数据时，传统的信息产业面临着有效存储、实时分析、高性能计算和多维异构处理等挑战，这些挑战也将推动一体化数据存储处理服务器、内存计算、非机构化数据库等产品的升级创新，推动商业智能、数据挖掘等软件在企业级信息系统中的融合应用。

同时，"互联网＋"战略使大数据在促进网络通信技术与传统产业密切融合方面的作用更加凸显。未来，大数据发展将不仅促使软硬件及服务等市场产生大量价值，还会加快有关的传统行业转型升级。

（4）助力智慧城市建设

大数据与智慧城市是信息化建设的内容与平台，两者互为推动力量。智慧城市是大数据的源头，大数据是智慧城市的内核。

针对政府，大数据为政府管理提供强大的决策支持。在城市规划方面，通过对城市地理、气象等自然信息和经济、社会、文化、人口等人文社会信息的挖掘，可以为城市规划提供强大的决策支持，强化城市管理服务的科学性和前瞻性；在智慧交通领域，通过收集海量的交通流量和车辆信息，能为人们的出行提供更加合理的规划。

针对民生，大数据将提高城市居民的生活品质。大数据是未来人们享受智慧生活的基础，通过大数据的应用服务将使信息变得更加泛在、使生活变得更加便捷。

（5）推动商业模式创新变革

大数据时代，产业发展模式和格局正在发生深刻变化。围绕着数据价值的行业创新发展将悄然影响各行各业的主营业态。而随之带来的则是大数据产业下的各种商业模式的创新。

一方面，围绕大数据产业产生的数据产品价值链，比如大数据的交易产生价值；另一方面，通过对大数据的分析处理，企业现有的商业模式、业务流程、组织架构、生产体系、营销体系也将发生变革。数据将变成企业最为重要的资产之一，企业的发展将以数据为中心，通过数据分析，不断地挖掘客户潜在需求，通过对客户潜在需求的挖掘，不仅能够提升企业运作的效率，还可以考虑社会对于企业的最新需求与自身业务模式的转型，调整企业的发展以适应社会。

（6）改变科学研究的方法论

大数据技术的兴起给传统的科学方法论带来了挑战和革命。随着计算技术和网络技术的发展，数据的采集、存储、传输和处理的技术都已经非常成熟。在大数据时代，海量数据的处理所需要的技术和传统的数据处理技术不同，同时因为样本值的扩大，传统的数据处理方法无法处理海量的异构大数据，因此科学研究的方法也会随之而改变，不再是传统的数据＝样本，而是会有一些变化。

8.2　大数据安全威胁

信息技术的双刃剑属性在大数据领域有着显著的表现。美国 IT 研究与咨询公司高德纳（Gartner）认为："大数据安全是一场必要的斗争。"大数据在给人们的生活带来便利的同时，也带来了诸多的安全问题。下面将从数据安全和技术平台安全两个角度来阐述大数据发展面临的安全挑战。

8.2.1 数据安全

大数据的数据体量巨大，而其中又蕴含着巨大的价值。所以数据安全保障成为大数据应用和发展中必须面临的重大挑战。

数据本是有生命周期的。数据的生命周期主要包括数据收集、数据存储、数据使用、数据分发以及数据删除几个阶段。

（1）数据收集

数据收集活动包括数据的获取或创建过程，主要操作包括发现数据源、收集数据、生成数据、缓存数据、创建元数据、数据转换、数据验证、数据清理、数据聚合等。数据收集主要有以下方式。

第一，网络数据采集。通过网络爬虫等方式获取数据。

第二，从其他组织获取数据。通过线上或线下等方式获取数据。

第三，通过传感器采集。目前常用的传感器包括温度传感器、摄像头等公共和个人的智能设备等。

第四，系统数据。组织内部的系统运行过程中产生的业务数据。

在数据收集阶段涉及的安全问题有数据源鉴别及记录、数据合法收集、数据标准化管理、数据管理职责定义、数据分类分级以及数据留存合规识别等。

（2）数据存储

数据存储阶段是将数据持久地保存在大数据平台中，存储的数据包括采集的数据以及分析的数据等。存储系统应支持对不同数据类型和格式的数据存储，并且需要提供多种数据访问接口，如文件系统接口、数据库接口等。存储活动的主要操作包括数据编解码、数据加解密、数据持久存储、数据备份、数据更新和数据访问等。

在数据存储阶段涉及的安全问题有存储架构安全、逻辑存储安全、存储访问安全、数据副本安全、数据归档安全等。

（3）数据使用

数据使用活动包括利用数据预处理、数据分析和数据可视化等技术从原始数据中提取有价值信息，支撑组织作出合理决策等操作。使用活动的主要操作包括数据查询、读取、索引、批处理、交互式处理、流处理、数据统计分析、预测分析、关联分析、可视化以及分析报告生成等。

在数据使用阶段涉及的安全问题有分布式处理安全、数据分析安全、数据加密处理、数据脱敏处理以及数据溯源等。

（4）数据分发

数据分发活动是将原始数据、处理后数据以及分析后数据等不同形式的数据传递给外部实体或组织内部的其他部门。数据分发阶段主要操作有数据传输、数据交换、数据交易、数据共享等。

在数据分发阶段涉及的安全问题有数据传输安全、数据访问控制、数据脱敏处理等。

（5）数据删除

数据删除是指删除大数据平台或租用的第三方大数据存储平台上的数据及其副本。若数据来自于外部实时数据流，还应断开与实时数据流的连接。数据删除阶段主要操作包括删除元数据、原始数据及副本，断开与外部实时数据流的链接等操作。

8.2.2 技术平台安全

伴随着大数据的不断发展，各种大数据技术层出不穷，新的技术架构、支撑平台和大数据软件不断涌现，使得大数据在技术平台层面面临着很多安全挑战，如传统安全措施适配困难、平台安全机制有待改进、应用访问控制愈加复杂等问题。

（1）传统安全措施适配困难

大数据的多源、海量、异构、动态等特征导致其与传统的数据应用安全环境有很大区别。大数据应用多采用底层复杂、开放的分布式计算和存储架构，这些技术和架构使得大数据应用的网络边界变得模糊，传统基于边界的安全保护措施不再有效。

此外，新形势下高级持续性威胁（APT）、分布式拒绝服务攻击（DDoS）、基于机器学习的个人隐私发现等新型攻击手段，也使得传统的安全控制措施暴露出严重不足。

（2）平台安全机制有待改进

现有大数据应用中多采用通用的大数据管理平台，如基于 Hadoop 生态架构的 HBase/Hive、Cassandra/Spark 等。这些平台多是基于 Hadoop 框架进行二次开发所得，但 Hadoop 框架安全机制并不完善，导致大部分平台存在身份认证、权限控制、安全审计等安全机制不健全的问题。即使有些平台做了改进，如增加了 Kerberos 身份鉴别机制，但整体安全保障能力仍然比较薄弱。

同时，大数据应用中多采用第三方开源组件，由于对这些组件缺乏严格的测试管理和安全认证，也使得大数据应用对软件漏洞和恶意后门的防范能力不足。

（3）应用访问控制愈加复杂

访问控制是实现数据受控访问的有效手段。但由于大数据应用范围广泛，并且应用场景中存在大量未知的用户和数据，使得预先设置角色及权限变得十分困难。即使可以事先对用户权限分类，但由于用户角色众多，难以细致划分每个角色的实际权限，从而导致无法准确为每个用户指定其可以访问的数据范围。

8.3　大数据安全标准

8.3.1　大数据安全法规政策

美国、欧盟、英国、中国等多个国家和组织都制定了大数据安全相关的法律法规和政策来推动大数据的发展。

（1）国外数据安全法规政策

美国于 1966 年通过《信息自由法》，规定民众获得行政信息方面的权利和行政机关向民众提供行政信息方面的义务。开放政府指令是美国政府 2009 年在数据开放方面的最新行动，其要求政府通过网站发布数据等方式，使公众了解更多的政府信息，提升公众对政府的信任感。在家庭教育和学生隐私方面，美国出台了《家庭教育权和隐私权法案》（FERPA），用以保护学生的个人可识别信息（PII）的安全。

2005 年欧盟出台了《欧洲透明度倡议》（ETI），目的在于建立信息再利用，包括监管公共部门的共同法律框架，消除公共信息垄断和不透明障碍。在数据跨境流动方面，欧盟出台的《数据保护指令》明确了数据跨境传输的基本原则。2015 年通过的欧盟《通用数据保护条例》（GDPR）的适用范围相比较《数据保护指令》有所扩展，并增加了新的制度安排，包括认证机制和行为准则等。在个人数据保护方面，欧盟颁布的《通用数据保护条例》（GDPR）对数据保护规则进行了改革和更新，旨在保护欧盟公民个人数据的隐私权。

英国是最早实施数据开放的国家，其于 2000 年正式通过《信息自由法》，规定了任何人都有获取政府信息的权利。英国政府在 2013 年 4 月发布的《开放政府伙伴 2013—2015 英国国家行动方案》中进一步拓展数据开放承诺，表示将开放政府数据，以改善公共服务、促进经济增长、提高政府透明度。

澳大利亚《隐私保护原则》第八条规定，数据主体获得明确告知后同意的，可以将个人数据传输至境外数据接收者，告知时必须解释跨境传输带来的数据主体应当知道的后果或风险。

巴西司法部于 2015 年公布的《个人数据保护法（草案）》也给出了数据跨境流动相关的法规条例，要求跨境数据传输时，数据接收国的个人数据保护必须达到充分性保护的水平。

韩国于 2011 年发布的《个人信息保护法》规定，如果个人信息的国际数据传输涉及第三方，那么必须取得用户的明确同意。2012 年发布的

《促进信息技术网络利用和信息保护法》要求则更加明确地指出：如果用户的个人信息被转移到境外实体，在线服务提供商必须告知并获得用户的明示同意。

日本于2015年修订的《个人信息保护法》规定，个人信息可以传输到为日本个人信息保护委员会（PIPC）所认可的、与日本国内个人信息保护水平相当的国家或地区。

（2）国内数据安全法规政策

2012年12月，第十一届全国人民代表大会常务委员会通过了《全国人大常委会关于加强网络信息保护的决定》，以此来解决数据应用过程中的个人信息保护问题。

2016年11月，第十二届全国人民代表大会常务委员会发布了《网络安全法》，《网络安全法》要求网络运营者采取数据分类、备份、加密等措施，防止网络数据被窃取或者篡改，防止公民个人信息被非法获取、泄露或者非法使用。

《中华人民共和国国民经济和社会发展第十三个五年规划纲要》提出，加强数据资源安全保护，建立大数据安全管理制度，实行数据资源分类分级管理和保障安全高效可信应用。

2016年12月，国家互联网信息办公室发布《国家网络空间安全战略》，提出要实施国家大数据战略，建立大数据安全管理制度，支持大数据、云计算等新一代信息技术创新和应用，为保障国家网络安全夯实产业基础。

8.3.2 大数据安全标准规范

虽然多个国家和地区都已颁布法律法规来保障大数据下的安全，但还有很多问题仍未明确，并且标准的发展会滞后于产业的发展，所以就需要加强行业自律，建立市场接受度高的第三方团体标准体系，健全评估机制。

目前，多个标准化组织正在开展大数据和大数据安全相关标准化工作，主要有国际标准化组织 / 国际电工委员会下的 ISO/IEC JTC1 WG9（大数据工作组）、ISO/IEC JTC1 SC27（信息安全技术分委员会）、国际电信联盟电信标准化部门（ITU-T）、美国国家标准与技术研究院（NIST）等。国内正在开展大数据和大数据安全相关标准化工作的标准化组织主要有全国信息技术标准化委员会（以下简称"全国信标委"）和全国信安标委等。

当前，大数据和大数据安全相关标准化工作进展如下。

（1）ISO/IEC 20547-4《信息技术 大数据参考架构 第4部分：安全与隐私保护》（国际标准，在研）

该标准分析了大数据面临的安全与隐私保护问题和相关风险，在ISO/IEC 20547-3《信息技术 大数据参考架构 第3部分：参考架构》给出的大数据参考架构（BDRA）基础上，提出了大数据安全与隐私保护参考架构（BDRA-S&P）。

（2）NIST 1500-4《NIST大数据互操作框架：第4册 安全与隐私》（美国标准）

该标准聚焦于提出、分析和解决大数据特有的安全与隐私保护问题。在理解和执行安全与隐私保护要求上，大数据触发了需求模式的根本转变，从而满足大数据的体量大、种类多、速度快和易变化的特点。

（3）《大数据服务安全能力要求》（国家标准，在研）

该标准定义了大数据服务业务模式、大数据服务角色、大数据服务安全能力框架和大数据服务的数据安全目标和系统安全目标，规范了大数据服务提供者的大数据服务基本安全能力、数据服务安全能力和系统服务安全能力要求，为大数据服务提供者的组织能力建设、数据业务服务安全管理、大数据平台安全建设和大数据安全运营规范安全能力要求。

（4）《大数据安全管理指南》（国家标准，在研）

该标准分析了数据生命周期各阶段的主要安全风险，尤其是在数据转移的环节，对角色提出安全管理要求。该标准规范大数据处理中的各个关键环节，为大数据应用和发展提供安全的规范原则，解决数据开放、共享中的基本原则。

8.3.3 大数据安全标准规划

2017 年 4 月，在全国信息安全标准化技术委员会 2017 年第一次工作组"会议周"上发布的《大数据安全标准化白皮书（2017）》中提出了大数据安全标准体系框架。该框架构建基于国内外大数据安全实践及标准化现状，并结合了未来大数据安全发展趋势，由基础类标准、平台和技术类标准、数据安全类标准、服务安全类标准以及行业应用标准五个类别标准组成。

此外，根据大数据安全标准体系框架，通过对五个类别标准需求梳理，还确定大数据安全标准规划，如图 8—1 所示，它为我国近期大数据安全标准的制修订提供指引。

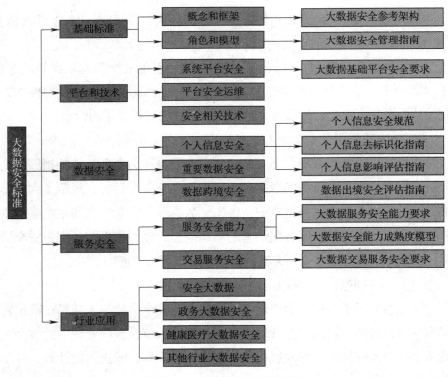

图 8—1　大数据安全标准规划

（1）《大数据安全参考架构》（建议研制）

该标准给出大数据安全参考模型，明确大数据平台和应用应提供的安全功能组件，以及安全组件之间安全接口，为其他大数据安全标准提供基础支撑。

（2）《大数据安全管理指南》（在研）

该标准明确了大数据生态中各安全角色及安全责任，建立大数据安全管理模型，围绕数据生命周期管理各阶段，提出安全控制措施指南。

（3）《大数据基础平台安全要求》（建议研制）

该标准的标准化对象为大数据框架提供者所构建的大数据基础平台，规范大数据基础平台的各项安全技术要求，如安全防御、检测方面的技术要求。

（4）《个人信息安全规范》（在研）

该标准提出了通过计算机系统处理个人信息时应当遵循的原则和采取的安全控制措施。

（5）《个人信息去标识化指南》（建议研制）

该标准提出个人信息去标识化的具体指导，包括原则、方法和流程。用于指导个人信息控制者开展个人信息去标识化工作，在平衡数据可用性和个人信息安全的前提下促进数据的开放、共享和交易。

（6）《个人信息影响评估指南》（建议研制）

该标准提出了个人信息影响评估的原则、方法、流程，用于指导组织评估个人信息处理活动对个人信息主体合法权益可能造成的影响，并指导组织采取必要的措施降低不利影响的风险。

（7）《数据出境安全评估指南》（建议研制）

该标准规定了数据跨境流动安全评估指标及评估办法，使政府及企业自身可以对数据跨境流动安全进行全面评估。

（8）《大数据服务安全能力要求》（在研）

该标准规范了大数据服务提供者在提供服务时应该具备的基本安全能

力、数据服务安全能力和系统服务安全能力。

（9）《大数据安全能力成熟度模型》（建议研制）

该标准旨在帮助大数据组织建立一套评价数据安全管理、系统安全建设和运维能力的通用术语和成熟度评价模型，为第三方机构评价组织的数据安全成熟度水平提供了依据基准，以促进大数据行业的健康发展和公平竞争。

（10）《大数据交易服务安全要求》（建议研制）

该标准旨在规范大数据交易服务平台的安全交易流程和安全要求，包括安全技术和安全管理方面的要求，在保障数据交换和共享过程中数据安全的同时，保护数据挖掘利用过程中的数据安全和个人信息安全要求。旨在减少现有大数据交易中出现的各种安全问题，包括交易中的信息泄密、数据滥用和个人信息泄露等问题。

第九章
工控网络安全

9.1 工控网络安全概述

随着工业化和信息化的不断发展和演进，传统的计算机技术越来越多地应用于工业自动化控制领域，如航空航天、食品制造、医药和石化、交通运输以及电力和水利等。目前，超过 80% 的涉及国计民生的关键基础设施依靠工控系统来实现自动化作业。因此，工控系统的安全问题已经被提升到国家战略的高度。

为了满足传统网络和工控系统之间数据共享和协同工作的要求，工控系统逐渐采用传统网络中常用的通信协议和软硬件系统，甚至以特定的方式直接连接到传统网络中。这使得工控系统彻底改变了封闭的工作模式，同时，也让工控系统面临传统网络中的信息安全威胁，如木马病毒、拒绝服务以及黑客入侵等。由于工控系统大多用于交通、电力、核工业以及石油化工等国家级的重要领域，因此，工控系统的安全事故不仅会造成重大的经济损失，同时也会导致严重的社会影响。

目前，工控系统已经成为很多国际组织的攻击目标，一些敌对的国家和势力，甚至是恐怖分子，出于政治、经济、军事等目的，正在不断地将目标转向涉及国家战略安全的工控系统。自 2010 年的"震网"事件以来，一系列工控网络安全事件的发生表明工控系统正面临着高级且可持续的攻击威胁，工控系统的安全问题日益凸显。

基于工控网络安全状况的脆弱性以及攻击威胁的严重性，我国高度重视工控系统的安全问题，并将其提升到国家战略的高度，相关的主管部门积极地开展工控网络安全的相关工作。例如，统一工控网络安全的相关标准，制定工控网络安全的相关政策，完善工控网络安全的管理制度以及加强工控网络安全的技术研究等，在标准、政策、管理以及技术等方面积极部署工控系统的安全保障工作。

9.2 工控网络安全研究现状

9.2.1 国外工控网络安全研究现状

美国在计算机技术领域和工业自动化控制领域一直处于主导地位，随着传统的计算机技术在工业自动化控制领域的延伸，美国率先从管理体制、技术体系以及标准法规等方面开展了工控系统的安全保障工作，并始终处于世界领先水平。

美国早在 20 世纪初就对工控系统的安全问题高度重视，并从各个方面积极地开展相关工作。目前，美国已经形成了较为完整的工控网络安全管理体制、技术体系以及标准法规。

关于工控网络安全管理体制的研究，美国国土安全部（Department of Homeland Security，DHS）和能源部（Department of Energy，DOE）牵头，共同推进工控网络安全管理体制的进一步完善。2003 年，爱达荷国家实验室（INL）开始建立，2005 年，爱达荷国家实验室的关键基础设施测试靶场（CITR）正式运行，其中，关键基础设施主要由 SCADA 和电力系统组成。同时，美国国土安全部制订了工控网络安全领域的专项计划。例如，国家 SCADA 测试床计划（NSTB）主要用于提供真实的测试环境，以及工控系统的脆弱性评估和软硬件系统的安全性测试。

关于工控网络安全技术体系的研究，美国首先建立了模拟仿真平台，并将其作为工控网络安全领域中常用的验证模型，同时将实验室测试结果和现场测试结果结合起来。目前，这种测试机制已经成为工控网络安全领域中主要的测试方法。为了能够顺利开展工控网络安全工作，美国国土安全部成立了工控网络系统应急响应小组（ICS-CERT），致力于相关的技术研究，如恶意代码的检测与分析、相关安全事故的分析与响应、事故的现场支持和取证分析、安全态势和防御措施的分析与公示、信息产品的共享和安全预警以及漏洞信息与威胁的分析等。

关于工控网络系统安全标准法规的研究，美国的国家基础设施保护计划（NIPP）和《联邦信息安全管理法》（FISMA）等从国家的层面对工控网络安全提出了要求；同时，国家标准与技术研究所（NIST）发布了一系列与工控网络安全相关的指南，如《联邦信息系统和组织的安全控制推荐》和《工业控制系统安全指南》等，从行业的层面对工控网络安全提出了要求。目前，美国已经形成了一套从国家到行业的完整的标准法规体系。

9.2.2　国内工控网络安全研究现状

我国正处于工业化和信息化融合的关键时期，因此，我国的工控网络安全面临着更大的挑战。然而在此之前，我国一直将信息安全的重心集中在互联网，从而忽略了工控系统的安全问题。

自 2010 年的"震网"事件以来，一系列工控网络安全事件的发生表明工控系统正面临着高级且可持续的攻击威胁，工控系统的安全问题日益凸显。基于工控网络安全状况的脆弱性以及攻击威胁的严重性，我国开始重视工控系统的安全问题，并将其上升到国家战略的高度，相关的主管部门正积极地开展工控网络安全工作。

国务院、工业和信息化部以及国家发展和改革委员会等部门共同推进我国工控网络安全工作的开展。工业和信息化部率先发布了《关于加强工业控制系统信息安全管理的通知》，通知强调了加强工控网络安全的重要性，并提出要进一步完善工控网络安全的管理体制。紧接着，国务院也正式发布了《关于大力推进信息化发展和切实保障信息安全的若干意见》，意见再次强调信息化进程中信息安全的重要性，并提出了建立完整的国家信息安全保障体系的要求，要不断提升信息安全的保障水平，全面保障重点领域的信息安全，并且再次强调"保障工业控制系统安全"的要求。此外，国家发展和改革委员会等部门也开始积极部署工控系统的安全保障工作，并从政策、技术以及相关规范等方面进行进一步的研究。

显然，基于工控网络安全高度的战略意义以及我国工业自动化控制领域和信息安全领域对工控网络安全技术研究不足的现状、及时地开展针对工控网络安全威胁分析及防护研究具有非常重要的现实意义。

9.3 工控网络安全面临的挑战

信息化和自动化的推进，在为社会带来巨大进步的同时，也使得工控系统所面临的威胁与日俱增。过去的工业控制网络相对独立，采用专用的硬件设备和协议。随着信息化的深入，企业更加追求精细化管理和智能化生产，实时的数据采集和指令下发成为管理者迫切的需求。

9.3.1 工控系统面临的安全威胁

（1）网络管理缺失

目前，互联网已成为人们信息交流与共享的核心部分。而接入互联网的用户，一方面有可能成为黑客攻击的重点目标；另一方面，在安全意识淡薄的氛围下，企业信息有可能被用户直接发布到网上。在工控系统中，网络管理的不完善也使得企业的安全面临巨大挑战，如网络间谍侵入企业内网，直接窃取涉密信息，或者植入病毒破坏系统；内部员工通过邮件将涉密信息发送给他人，或者直接发布到公网。

（2）移动存储介质滥用

移动存储介质作为当前信息传播、交流的重要方式，在为用户提供便捷的同时也给内部系统的安全带来威胁。一方面，可能由于用户个人安全意识淡薄，无意中将企业的涉密信息通过移动存储介质传播出去。另一方面，也有可能是用户所使用的设备感染病毒，信息被非法窃取或破坏。如摆渡木马借助 U 盘在企业内外网之间传播，并在感染病毒的终端中窃取涉密信息，通过网络将信息传播出去。

（3）工控系统漏洞

工控系统中应用软件或操作系统软件在设计上的缺陷，极易被不法者利用，对系统进行恶意攻击、破坏。系统漏洞虽然可以通过更新系统补丁的方式加以弥补，但系统补丁更新具有一定的滞后性，同时，要对每个终端进行补丁更新，也具有很大的难度，这些因素都给不法分子留下可乘之机，也进一步加剧了工控系统的危险性。

计算机病毒、黑客行为、内部泄密、外部泄密、信息丢失、电子谍报、信息战等各种威胁因素，都给工控系统的安全带来了严峻挑战。目前针对工控系统的安全防护，多集中在传统的 IT 安全解决方案，如系统升级、病毒查杀等，但这些方案停留在单一的防护方面，具有一定的滞后性，而且没有形成一套完整的安全管理体系，不足以应对工业基础设施领域的全新安全需求。

如以 Stuxnet 为代表的蠕虫病毒，已给工控系统带来重大的灾难。Stuxnet 病毒通过 U 盘和局域网进行传播，专门针对西门子公司的 SIMATIC WinCC 监控与数据采集（SCADA）系统进行自毁性破坏。它通过对软件重新编程实施攻击，给机器编一个新程序或输入潜伏极大风险的指令。该病毒能控制关键过程并开启一连串执行程序，最终导致整个系统自我毁灭。Stuxnet 蠕虫病毒是世界上第一个可直接破坏现实世界中工业基础设施的恶意代码，此病毒的爆发也让人们更加意识到工控网络安全的重要性。

9.3.2　工控系统面临的网络攻击

如今，工控系统的运营者所面对的威胁态势的危险程度前所未有。针对性威胁的类型、规模和破坏性都在急剧增加。攻击方式由之前单一方式的、无延续性的破坏式攻击，逐渐转变为采用各种方式的、具有持续威胁的深层次攻击。

（1）APT攻击愈演愈烈

某些以窃取核心资料为目的的攻击者，常常会采用高级持续性威胁（Advanced Persistent Threat，APT）的理念，向工业控制系统发动网络攻击和侵袭行为。APT正在通过一切方式，绕过基于代码的传统安全方案（如防护软件、防火墙、IPS等），并更长时间地潜伏在系统中，让传统防御体系难以侦测。

（2）工控系统漏洞被不断深挖

随着工控系统和互联网的深入融合，越来越多的工控系统软件和协议被发现具有重大漏洞。一些知名企业研发的工控系统被证实极易遭受诸如"拒绝服务""权限越界""非法认证"等攻击。随着攻击者的不断深入挖掘，更多未知的漏洞将会被利用，这将造成巨大的威胁与影响。

（3）通用网络攻击手段愈发奏效

互联网技术在工控系统应用得越来越广泛，导致原先一些只适用于互联网领域的攻击手段也逐步可以施展于工控系统网络中。例如，绕过WAF的数据库注入技术、通过Shell拿下Web站点进而攻击内网等方式，都是近年来工控系统遇到的重要攻击方式。

9.4 工控网络安全技术

建立系统、健全的安全防护体系，是解除当前工控系统所面临的各种安全威胁的重中之重。本节以基础防护为根本，结合主控系统安全基线，对系统进行增强防护，彻底解决工控网络的安全问题，杜绝各种形式的泄密，防止系统被非法破坏。

9.4.1 工控系统基础防护方法

工控系统基础防护方法主要包括失泄密防护、主机安全管理、数据安全管理等。

（1）失泄密防护

失泄密防护主要是对工控系统进行网络控制、应用层控制及外设控制。对网络的控制，指禁用 TCP、UDP、ICMP 等端口或者在信任前提下允许有条件的使用。应用层控制，则集中在 HTTP、FTP、TELNET、SMTP、NETBIOS 以及即时通信工具的管理和控制上，如只允许工控系统中的终端访问指定的 Web 地址；只允许终端向指定的接收方发送数据。通过网络控制及应用层控制，可有效防止内部终端访问网络时被植入病毒，也可防止内部用户将资料传播给非法组织。

失泄密防护中，对外设进行严格的审核和控制，如 MODEM、移动存储介质、CD ROM、辅助硬盘、打印机以及外设接口等。以移动存储介质为例，可控制其只读或者禁用，防止摆渡木马病毒窃取终端数据到移动存储介质中。

失泄密防护是工控系统基础防护中的基本防护。通过控制工控系统终端使用网络或外设的权限，达到安全的目的。

（2）主机安全管理

主机安全管理主要是对工控系统中各分布终端进行统一化的控制。在工控系统中，其终端的数量可能很庞大，单单依靠终端用户的个人安全意识对系统进行防护，并不能切实保障整个系统的安全。主机安全管理对终端集中、统一化的管理，主要包括：

①系统账户的管理，如账户的密码设置需要通过安全性检查，账户的锁定限制在一定的时间内，是否可共享本终端数据给其他终端等。

②防病毒软件的监控和自动更新。

③文件的安全删除。

④系统补丁的监控和自动更新。

通过主机安全管理，实现了工控系统各分布终端的安全监控，保证终端系统用户的使用安全，同时又对系统进行实时升级，防止因系统漏洞给病毒留下可乘之机。

（3）数据安全管理

数据安全管理主要是对数据进行加密保护和权限控制，是对工控系统内的核心资料的全面防护。经过加密的数据，即使被系统内部用户无意带走，离开了工控系统的安全域，其数据也无法访问。数据安全管理对于防止内部资料泄露具有得天独厚的优势，也是工控系统防护的重要组成部分。

（4）系统网络架构重构

工业控制系统网络需要建立非常清晰且安全的结构体系，做到生产网络、办公网络、外部可访问网络的安全分离，并提供可靠的外网访问内网的安全通道和权限控制，避免攻击者从外部网络轻易入侵至内网。

（5）系统网络边界防护

工业控制系统网络需要建立清晰的网络边界，并对经由边界的会话进行严格监控和管理。具体策略包括但不限于：

①禁止公网以非 VPN 方式对工控系统进行访问。

②严格控制出口流量。

③边界访问控制设备默认拒绝所有网络连接。

④防护设备失效，则中断连接等。

（6）安全配置与系统更新

从可靠性方面考虑，工业控制系统上线后相当数目的设备应当禁止配置更改。因此，某些配置工作需在系统上线后锁定。而对于工业控制系统本身，则需要像其他业务系统一样，通过不断更新及升级，保证已知的威胁不会再适用于工业控制系统本身，如打补丁、升级固件、更新重要工业控制程序等，都是有效手段。

（7）监测审计

除常用的 SCADA 系统，如有余地，应当于系统中部署其他监测工具，尤其是日志审计。日志审计对于异常检测和鉴定分析至关重要。日志和周期性的审计往往可以验证系统的安全措施是否能够正常运作，判断安全措施是否有效，并保证系统运转状况符合安全策略与章程。

9.4.2 基于主控系统安全基线的防护

工控系统基础防护方法可满足工控系统基本的安全防护，对保护工控系统具有重大的意义。同时，基础防护也需要进一步增强，以满足当前工控领域全新的安全需求。基于主控系统安全基线的防护，是工控网络安全的增强。通过此防护方法，一方面杜绝以 Stuxnet 为代表的病毒攻击，另一方面也可解除病毒新的变种对系统带来的威胁。

基于主控系统基线的防护，主要包括基线建立、运行监控、实施防御，如图 9—1 所示。

图 9—1　基于主控系统基线的防护

（1）建立基线

建立基线是防护的先决条件。在主控系统中，先建立单一的工作环境，该环境未受到任何病毒的感染或疑似威胁的干扰。在此基础上，从环境中提取工控系统的主要文件的特征值（简称原始特征值）作为安全基线，如一些关键的 dll、exe 等。文件特征值具有唯一性，即对 dll、exe 进行任何改动，哪怕是极其微小的干扰，被篡改后的文件其特征值也将不同于原始特征值。

（2）运行监控

基线建立以后，该防护系统将对运行中的工控系统进行监控，如在工

控系统主要程序启动时，防护系统再次获得其特征值，并与基线中的原始
特征值进行比对，以达到实时监控工控系统的目的。

（3）实施防御

只有被监控终端所运行的程序的特征值与基线的原始特征值一致时，
才允许终端正常运作；若当前特征值与原始特征值有差异时，防护系统将
产生报警或者使程序异常退出，从而保护工控系统的安全。

以 Stuxnet 为例，其危害工控系统的方式主要是篡改工控系统本来的
运行文件，使得原本正常的指令变为毁灭性的指令来破坏系统。而通过安
全基线防护，如果运行文件中的指令被篡改，防护系统会在第一时间检测
到文件特征值发生了变化，进而由防护系统发挥保护功能，阻止非法程序
对系统造成损坏。同理，对于其他相似的病毒或者未来的一些新的病毒变
种，基于主控系统安全基线的防护方法，也对其具有强大的防御能力。

9.5 工控网络安全保障机制

工控网络安全保障涉及多个层面，并需要通过严格的实施标准规范才
能达到。工控网络安全保障包括工控网络安全保障体系和工控网络安全危
机应急处理两个方面的内容。工控网络安全保障体系使工控网络安全的设
计和管理有法可依；工控网络安全危机应急处理保证网络安全危机发生后
能快速响应，使损失降低到最小。

9.5.1 工控网络安全保障体系

工控系统信息安全保障体系的构建要包含各个安全环节，考虑工控系
统的各种信息安全风险。信息安全技术和信息安全组织管理是构建信息安
全的基础，信息安全法律和法规是信息安全的有效保障。工控系统信息安
全保障体系建设要在保证工控系统正常运行的前提下，充分调动技术、管
理等安全手段，对账号与口令安全、恶意代码管理、安全更新（补丁管

理）、业务连续性管理等关键控制领域实施制度化、流程化、可落地的、具有多层次纵深防御能力的信息安全保障体系。

工控系统信息安全保障体系建设的主要目的是加强工控系统信息安全保障工作，加强企业工控系统信息安全管理，保障工业生产运行安全、国家经济安全、生态环境安全和人民生命财产安全。

工控系统信息安全保障体系总体分保障公共支撑体系和企业保障体系，保障公共支撑体系为企业工控系统信息安全建设提供政策指南、标准规范和行业信息等，指导和规范企业的工控系统信息安全建设；企业根据保障公共支撑体系的要求，建设企业工控系统信息安全保障体系，以保证工控系统运行安全。

保障公共支撑体系架构包括工控系统信息安全管理机构、工控系统信息安全技术服务机构和工控系统信息安全评价监管机构。工控系统信息安全管理机构根据国家关于工控系统信息安全的相关政策法规和标准规范，负责做好本辖区工控系统信息安全信息收集、管理制度制定、统筹规划组织、咨询服务等工作。工控系统信息安全技术服务机构负责工控系统信息安全共性技术研究、制定工控系统信息安全标准规范、工控系统信息安全培训等工作。工控系统信息安全评价监管机构负责工控系统信息安全评价要求制定、评价实施、日常监控等工作。

企业保障体系又分为工控系统产品开发企业保障体系、工控系统系统集成企业保障体系和工控系统使用企业保障体系。工控系统产品开发企业保障体系要从产品开发的角度出发，并考虑系统集成要求，进行工控系统信息安全设计。工控系统系统集成企业保障体系从用户需要出发，考虑工控系统信息安全需要，保障工控系统连续安全运行。工控系统使用企业保障体系要从使用的角度出发，管理各相关人员安全正确实施自身职责，保障工控系统信息安全运行。

工控系统产品开发企业和系统集成企业的保障体系包括安全管理分体系、安全技术分体系和安全服务分体系。安全管理分体系主要是为工控系统提供组织保证、管理制度、技术规范和培训机制等保障措施。安全技术分体系主要是提供技术支持，如物理安全、边界安全、网络安全等技术保障。安全服务分体系是提供安全测评、风险评估、安全加固和监控应急等活动保障。虽然两类企业保障架构相同，但是由于出发点不同，考虑的细节也有所不同，所以内容细节不同。

工控系统使用企业保障体系包括安全管理分体系、安全服务分体系和工控系统运行分体系。安全管理分体系主要是为工控系统提供组织保证、管理制度、技术规范和培训机制等保障措施。安全服务分体系是提供安全测评、风险评估、安全加固和监控应急等活动保障。工控系统运行分体系负责工控系统的运行和安全操作与维护。

9.5.2　工控网络安全危机应急处理

工控系统信息安全应急处理保障体系是为了提高工控系统信息安全突发事件处理能力，加强工控系统信息安全保障工作，形成科学、有效、反应迅速的应急工作机制，确保工控系统控制安全、实体安全、运行安全和数据安全，最大限度地减轻系统信息安全突发公共事件的危害。

工控系统信息安全危机应急处理保障主要包括制定应急预案、应急演练、应急资源配备和安全事件处置四个方面的工作。

制定工控系统信息安全应急预案，要依据国家和行业信息危机应急处理的相关规定和要求，明确应急处理流程和临机处理权限，落实应急技术支撑队伍，根据实际情况采取必要的备机备件等容灾备份措施。工控系统信息安全应急预案内容主要包括工控系统信息安全事件监测预警、应急响应及灾后恢复重建等内容。

应急演练是假设工控系统发生信息安全事件，应急队伍和全体员工配合依据应急预案制定的危机应急处理流程进行演练，从而验证危机处理流程、查漏补缺、让全体人员熟悉危机处理。

应急资源配备是指定应急技术支援队伍，配备必要的备机、备件等应急物资。

安全事件处置是假设信息安全事件发生后，及时向主管领导报告，按照预案开展处置工作，重大事件及时通报信息安全主管部门。

如今，工业控制系统的安全防护已成为网络空间安全领域关注的重点，工业控制系统本身也会在攻防演进中不断完善，但其面临的威胁无论何时都不容忽视。工业控制系统的安全从业者必须与时俱进，紧跟工控网络攻防的时代步伐。唯有如此，才能够使工业控制系统的安全性得到持久保障。

英文缩略语

A

AP	Access Point	无线接入点
AES	Advanced Encryption Standard	高级加密标准
APT	Advanced Persistent Threat	高级持续性威胁

B

BCP	Business Continuity Plan	业务持续计划
BRP	Business Recovery Plan	业务恢复计划

C

COOP	Continuity of Operations Plan	运行连续性计划
CCP	Crisis Communication Plan	危机通信计划
CCSA	China Communication Standards Association	中国通信标准化协会

D

Dos	Denial of Service	拒绝服务攻击
DDoS	Distributed Denial of Service	分布式拒绝服务攻击
DTE	Domain and Type Enforcement	域型强制实施
DES	Data Encryption Standard	数据加密标准
DS	Digital Signature	数字签名
DAC	Discretionary Access Control	自主访问控制
DHCP	Dynamic Host Configure Protocol	动态主机配置协议
DRM	Digital Rights Management	数字版权管理
DOI	Digital Object Identifier	数字对象标识符
DCI	Digital Copyright Identifier	数字版权唯一标识符
DOO	Degraded Operations Objective	降级操作目标
DRP	Disaster Recovery Plan	灾难恢复计划
DHS	Department of Homeland Security	美国国土安全部
DOE	Department of Energy	能源部

E

Email	Electronic mail	电子邮件
ENISA	European Network and Information Security Agency	欧盟网络与信息安全局

F

FAT	File Allocation Table	文件分配表

H

HTTPS	Hyper Text Transfer Protocol over Secure Socket Layer	HTTP 通道协议

I

IDS	Intrusion Detection System	入侵检测系统
IDEA	International Data Encryption Algorithm	国际数据加密算法
IRP	Incident Response Plan	事件响应计划

M

MAC	Mandatory Access Control	强制访问控制

N

NTFS	New Technology File System	新技术文件系统
NRO	Network Recovery Objective	网络恢复目标
NIST	National Institute of Standards and Technology	美国国家标准技术研究院
NID	Node Identify	节点标识

O

OTP	One Time Password	一次性口令
OEP	Occupant Emergency Plan	场所紧急计划

P

PKC	Public Key Cryptosystem	非对称密码算法
POP	Post Office Protocol	邮局协议
PaaS	Platform as a Service	服务平台

R

RBAC	Role-based Access Control	角色访问控制

RI	Rights Issuer	数字媒体授权中心
RPO	Recovery Point Objective	恢复点目标
RTO	Recovery Time Objective	恢复时间目标
S		
SYN flooding	Synchronize flooding	同步泛洪攻击
SMTP	Simple Mail Transfer Protocol	简单邮件传输协议
SE	Social Engineering	社会工程学
SHA	Secure Hash Algorithm	安全哈希算法
SSID	Service Set Identifier	服务集标识
U		
UA	User Agent	用户代理
URL	Uniform Resource Locator	统一资源定位符
USN	Ubiquitous Sensor Network	泛在感测网络
V		
VPN	Virtual Private Network	虚拟专用网络
VLAN	Virtual Local Area Network	虚拟局域网
W		
WLAN	Wireless Local Area Networks	无线局域网

参 考 文 献

［1］蔡晶晶，李炜. 网络空间安全导论［M］. 北京：机械工业出版社，2017.

［2］惠志斌，唐涛. 中国网络空间安全发展报告（2015）［M］. 北京：社会科学文献出版社，2015.

［3］上官晓丽，王姣. 国际网络安全标准化研究［J］. 信息安全研究，2016，2（5）：397–403.

［4］周世杰. 信息安全标准与法律法规［M］. 北京：科学出版社，2012.

［5］吴世忠. 信息安全保障导论［M］. 北京：机械工业出版社，2014.

［6］张焕国. 信息安全工程师教程［M］. 北京：清华大学出版社，2016.

［7］寇晓蕤，王清贤. 网络安全协议：原理、结构与应用［M］. 北京：高等教育出版社，2016.

［8］谷利泽，郑世慧，杨义先. 现代密码学教程［M］. 北京：北京邮电大学出版社，2015.

［9］黎妹红，韩磊. 身份认证技术及应用［M］. 北京：北京邮电大学出版社，2012.

［10］王凤英. 访问控制原理与实践［M］. 北京：北京邮电大学出版社，2010.

［11］邱仲潘，洪镇宇. 网络安全［M］. 北京：清华大学出版社，2016.

［12］范通让，綦朝晖. 网络安全技术及应用［M］. 北京：高等教育出版社，2015.

［13］赵霜. 数据安全存储与数据恢复［M］. 西安：西北工业大学出

版社，2013.

［14］彭飞，龙敏，刘玉玲．数字内容安全原理与应用［M］．北京：清华大学出版社，2012.

［15］冯柳平．数字版权保护技术及其应用［M］．北京：电子工业出版社，2013.

［16］田俊峰．可信计算与信任管理［M］．北京：科学出版社，2014.

［17］邹德清，羌卫中，金海．可信计算技术原理与应用［M］．北京：科学出版社，2011.

［18］贾如春，周晓花．数据安全与灾备管理［M］．北京：清华大学出版社，2016.

［19］陈驰，于晶．云计算安全体系［M］．北京：科学出版社，2014.

［20］徐保民，李春艳．云安全深度剖析：技术原理及应用实践［M］．北京：机械工业出版社，2016.

［21］陈晓峰．云计算安全［M］．北京：科学出版社，2016.

［22］赵国祥，刘小茵，李尧，等．云计算信息安全管理：CSAC-STAR 实施指南［M］．北京：电子工业出版社，2015.

［23］卿昱，张剑．云计算安全技术［M］．北京：国防工业出版社.2016.

［24］陈兴蜀，罗永刚，罗锋盈等．《信息安全技术　云计算服务安全指南》解读与实施［M］．北京：科学出版社，2015.

［25］杨奎武．物联网安全理论与技术［M］．北京：电子工业出版社，2017.

［26］余智豪，胡春萍．物联网安全技术［M］．北京：清华大学出版社，2016.

［27］余来文．互联网思维 2.0：物联网、云计算、大数据［M］．北京：经济管理出版社，2017.

［28］张尼．大数据安全技术与应用［M］．北京：人民邮电出版社，

2014.

　　[29] 李智勇，李蒙，周悦. 大数据时代的云安全 [M]. 北京：化学工业出版社，2016.

　　[30] 全国信息安全标准化技术委员会，大数据安全标准特别工作组.大数据安全标准化白皮书 [EB]. 2017.

　　[31] 饶志宏，兰坤，蒲石. 工业 SCADA 系统信息安全技术 [M].北京：国防工业出版社，2014.